岩 波 文 庫

33-138-11

都 市 と 農 村

柳 田 国 男 著

岩 波 書 店

自序

都市対農村の問題には、二つ以上の解答があってはならぬ。それがただ一つに帰著（きちゃく）してしまうまでは、絶えず国民の判断は働かねばならぬのであるが、今まではとかくいずれかの一側面から、これを考察してみようとする人ばかり多かった。相手が容易には承認せぬような、一方の同志者だけは一も二もなく賛同するような弁証法を以（もっ）て、仮の断案に急ごうとしていたために、いまだ結果の得失をも究（きわ）めてみぬうちに、早くも問題は政治化する傾向を示したのである。

朝日常識講座が新聞の声望と、同僚諸賢の努力とによって、弘（ひろ）く全国の都市と農村、あらゆる年齢と職業とを通じて、多数の読者を得たということは幸福なる機会である。私は特に新説を提出して、世論を聳動（しょうどう）しようという野心はもたないが、少なくともこの機会を以て村の人と、町に出ている人とが協力して、共にこの一つの題目を討究するの気風を、喚起したいと願う者である。

種々なる新しい疑惑と要求とが、都市に対してはまだ不必要に差控えられている。将来の最も安全なる生活方法を決定するために、この遠慮だけは早く撤回する方がよいと私は思う。しかも隔意なき交通を開くべき準備としては、現在の同情はまだ少しばかり不足であるかも知れぬ。それと同様に相互の立場、以前の行掛りを理解する方法がなかったら、いわゆる批判の自由はただいたずらに頑冥の角突合の別名となるかも知れぬ。それゆえに自分は特に日本の都市が、もと農民の従兄弟によって、作られたことを力説したのである。

農民が自己の力を意識せぬことも、年久しい流弊の一つであった。国が新たに彼らの発奮に期待すべき今日の世に際して、最も激励忠言の適任にある者が、黙して無益なる悲観の哀音に耳を傾けていたことは、親類としてはいかにも親切のない話であった。ところが幸いなことには、ここに私という者が一人、今の都市人の最も普通の型、都市に永く住みながら都市人にもなり切れず、村を少年の日のごとく愛慕しつつ、しかも現在の利害から立離れて、二者の葛藤を観望するの境遇に置かれていたのである。私の常識は恐らくは多数を代表する。仮に偶然にまだ冷淡な人たちでも、段々考えて来ればこういう心持に、やがて一致することができるであろう。すなわちこの自信が特に私をして、最も率直に語らしめたのであった。

あるいはこの書物の中に、故意に異を立て奇を好んだような議論が、ありはしないかということを一応は調べてみた。しかし自分にとってはどれもこれも平凡なことばかりであった。つまりはかねてこういうことを考えていたゆえに、書いてみるとこんな本になったまでである。もっともそれにしては説き方がはなはだ巧者でない。近頃しばらくの間、人とこの問題を談ずる折がなかったので、妙に気が改まって伸び伸びとした話ができなかったのである。それに紙数の制限もあって、多くの事実を引用せず、しても説明が満足でなかったために、もしや独断ではないかという不安を、読者に抱かせたことは本意に反する。実際はこの本の中に出て来るほどの事実で、著者しか知らなかったというものは一つもない。それが省みられなかったのは今までの学風の不備である。私は他日この点に関して、別に『野の言葉』という一著を以て、細説しかつ証明したいと思っている。

昭和四年二月

柳田国男

目次

都市と農村

第一章 都市成長と農民

一 日本と外国との差

書物で学問をしようとする者は、よっぽど用心せぬとたちまち概念の虜になってしまう。殊に我々常民の先祖は随分よく苦しみ、また痛切なるいろいろの実験をしたが自身ではそれを書残しておいてくれなかった。今ある彼らの生活の記録は、大抵は外から観ていた人の推察に基いている。それが果して地方地方の真状と一致するや否や。それによって議論の価値に大いなる相違があるわけである。ところが今までは深くもその点を考えてかからなかったために、もう我々は大分の損をしている。熱心なる読書家がかえって自分の境遇と縁のない説を、吐くような場合も多かった。都市と農村との将来の関係がいかにあるべきかは、大切な実際問題である。弘く個人の立場を見究めた上でないと、国の政策を決定することもできない。だから新しい意見の当否を決する前に、まず事実を精確にする必要があるのである。

　たとえば我々がここに考えようとしているのは、申すまでもなく「日本の都市」である。支那をあるけば到る処で目につくような、高い障壁を以て郊外と遮断し、門を開いて出入りをさせている商業地区、そんなものは昔からこの日本にはなかった。しかるに都市という漢語を以て新に訳された西洋の町場でも、やはり本来はこの支那の方に近く、言わば田舎と対立した城内の生活であった。もっとも近世はどことも人が殖えて郭外に溢れ、今ではむしろその囲いを邪魔者にしているのだが、しかも都市はなお耕作・漁猟の事務と、何ら直接の関係を持たぬというのみではなく、そこには市民という者が住んでいて、その心持は全然村民と別であった。都市の歴史はすなわちその市民の歴史であった。従って特殊の利害は積重ねられ、これを擁護するためには時として村と抗争すべき場合さえあったのである。

　市民という語は単に都市の住人の意味を以て、我々の間にも用いられている。しかしこういう孤立した都市利害の中心ともいうべきものが、果してわが邦にもあったものかどうか。それがまず問題になるのである。江戸でいうならば、ここは三百年前のただの海端の在所であった。急に諸方から集まって来た城下の民に、なるべく自治をさせようとして、若干の年寄・乙名を指名しそれに相応の特権を付与した。大阪もほぼ同じ頃から町の組織を立てて、資力才能ある者に早く市民の心持を持たせようと努めたのである。しかも二つの大都市共に、いわゆる重立衆の家は段々に衰えて、これに代って立つ者も今はほとんどなくなった。市民の一小部分はわずかに二代三代前の移住者の子であり、他の多数は実は村民の町にいる者に過ぎなかった。ゆえに彼らとその国元との関係を考えるに際して、仮に外国都市の例を引こうとする者があるとしたら、止めるにも及ぶまいがぜひ警戒をしなければならぬ。

二　イナカと田舎

昔は日本はそうたくさんの都市の、入用でない国であったかと思われる。その理由はいくらもあろうが、一つには地方地方の中世の頭目がいずれも本業は農であったために、土地の利用法としてそう多くの人を、一処に固めておくことができなかったのである。人間の数が久しい年代の間、今の半分より少くて続いていたということは、原因かも知れずまた結果かも知れない。人口の遥かに日本より稀薄である国でも、夙くから大きな都市は出来ている。時としては淋しいからかえって群をなして住むという例も、荒い大陸の草原地方には珍らしくなかった。これを国柄といい、社会の成立ちによるということは、大握みな話だがまず間違いはあるまい。海を以て衛られたる一つの民族の島でなかったら、とても日本の村々のように、小さく分散して安心することはできなかったのである。部曲・門党の争いはかなり烈しかったが、敵といったところで言葉は通じ、感情もよく似た隣人であったために、負けても死なねばならぬ者はほんのわずかであった。その上に富はもっぱら野外にあったのである。窮屈な城壁の中に籠って、固守する必要を我々は感じなかった。従うて都市と邑里との分堺が、今以てやや空漠たることを免れないわけである。

イナカはもと単に民居の中間を意味する地形名であった。肥後の天草などで私の見た古い絵図には、村の中央にある耕地をイナカと書いていた。つまりは農家と田畠と、細かく入交っているのがイナカであった。田舎という二箇の文字がこれに宛てられるに及んで、原の語の感じは変化せざるを得なかった。田舎は田と舎とではなくして、田を作るための家、すなわち都市にいる者の側から、所領または控え地内の農戸を指していうべき語であった。すなわち荘園とか別業とかいう語と近く、日本語でいうならば、今も盛岡あたりに行わるるオタヤ(御田屋)という語の方がむしろこれに当っているのである。

そういう意味までは考えずに、普通にこれを採用することになると、後にはかえってその文字に基いて、イナカの性質を解しようとする者が出来て来る。元来漢字の選定は京都人の、しかも上流少数の者の特権であった。実際彼らの眼にはイナカは田舎であり、ヒナは鄙の字を以てこれを漢訳すべきであったかも知らぬが、日本語そのものにはそれだけの意味はなかったのである。ただ学問が文字を手段として、追々中央から地方に向って進んで来ると、後れて感化を受くる者は最も従順にその指導に服し、京都の都雅に対して自分たちの鄙俗であることを、少しも疑わずに承認しようとしただけが、幾分か以前の今と同じからぬ気風であった。それほどまた中央のただ一つの都市に向っては、地方は一目を置いていたものであった。

三　都とその他の都市

この意味において、今日の都市対農村の問題を、略して都鄙問題と称することは不用心である。都は都、都市は都市であって、都市という中には大小雑多の都会、まだ雛鳥の羽も揃わぬようなものまでを含んでいる。そういう片輪ないくつかの新都市に比べると、農村はいずれの点から見ても決して鄙ではない。もちろん旧来の由緒ある都府に対しても、余計な謙遜はするに及ばず、これにも相応に気の毒な弱点は認められるが、とにかくに無始の大昔から今の世に及ぶまで、その建設のためにはつねに総国の力と志とを集め、さらにまた文化の基準をこの地に求むべく、絶えず一足ずつは前の方へ、新しきものへまた美しきものへ、進んでいることを都には期待した。その上に村が今日の都人の血の水上であったと同時に、都は多くの田舎人の心の故郷であった。村の多くの旧家の系図を見ると、最初は必ず京に生れた人の、落ちぶれてヒナに入って来たことになっている。その他鎮守の御神の勧請であれ、開山大和尚の招待であれ、大切なものは皆いわゆる上方からであった。この年久しい因縁に培われて、今でも都は我々を曳く綱であり、また夢の花苑でもある。将来この関係をどう見て行こうかは、ぜひ考えねばならぬ特別の問題であるが、単に都市という汎い総称があるばかりに、どこにも似た点のない小さな都会の立場まで、概括して論じようとする風が多いのは、まったく学問の悪い癖であると思う。

現在日本の都市の中には、造ったというよりもむしろ偶然に出来たという方が、当っているものも少なくない。住民も知らず、外の者にはなお知れておらぬ原因によって、それが栄えたり衰えたりしているのである。中古我々が国の力を傾けて、大切なるただ一つの都を建設し、これを守立てかつ美しく飾ろうとしていた頃には、まだこういう類の地方都市はなかった。最初に少しずつ成長し始めたものは、津とか泊とかいう海川の湊であった。昔の船は風を待ち、また悪い風の静まるのを待たねばならぬ。それゆえにしばしば用のない者がそこに落合って、常の日にも酒を飲み歌を口ずさみ、村では見られぬ新しい生活が始まったのである。

しかし交易が主として国内の旅商人によって行われていた間は、ミヤコすなわち宮殿の所在地以外に、そう大きな町の成立つべき足掛かりがなかった。諸道の職人を住ませるにも毎日の仕事はなく、物を貯えておいても売れる高は知れたものであった。それが異国の商船の往来するようになって、これと取引する者の利益は著しく、次第に定まった繁華な地というものが出来たようである。九州では筑前那津、すなわち今の博多港以外に、南部にはまだいくつかの貿易港があった。泉州の堺や伊勢の安濃津なども、いわゆる倭寇時代の前から、もう海外に知られている。殊に堺の津はある時代には障壁を取繞らし、市民の協力を以て自ら防衛していたこともあった。自治市の萌しは明らかにその間に認められるのであるが、幸か不幸か後久しくこれに嗣いで起るものがなかった。

四　城下町の支持者

鎌倉は今でも寺迹(てらあと)と屋敷跡ばかりで、これへ村々の武士が絶えず来往していたことを考えると、ほとんど都市らしいもののその間に成長する余地はなかったろうと思うが、それでも京鎌倉と二つを並べて、かつては田舎でないものの例(ためし)にも引いたのだから、少なくとも日本の東半分に向っては、それが文化の一中心として、重きをなした時代もあったのである。しかも武衛家(ぶえいけ)の没落と共に、いったん衰微してついに復興しなかったのを見ると、町としてはまだ自立するだけの、生活力は具(そな)えてはいなかったものらしい。これに比べると国々のいわゆる御城下は、最初いかにも不自然な軍略上の都合などによって、強いて寄集(よせあつ)めて拵(こしら)えた都会であるにもかかわらず、後に世情が変ってその支柱であった大名は去り、比較的無力な一部の士族だけが、残されて昔を慕うているという時代になっても、その多数はもはやこれがために退転してしまわぬ程度まで成長していたのである。それは社会のまったく新しくなったお蔭でもあろうし、とにかくに三百年の久しきにわたって、守育(もりそだ)ててもらって大きくなったのだから、こうして独立して自活のできるのも不思議はないようだが、実際は人の気付かぬうちに、いつの間にか殿様よりも士族よりも、周囲の村々に住む農民が、御城下の町の真の支持者になっていたのである。藩が大きくまた中央から遠くなるにつれて、領民は殊に各自の御城下を、都同様に大切に思い、これをお国自慢の種にするような風が盛んであった。つまりは割拠の余勢として、小さな文化の中心がその数を加えたので、個々の領内の住民は、かつて彼らの先祖が皇都の建設に奉仕したと同じく、まず手近にある新都市の完成に協力し、己を空しくしてその繁華を希うたのである。これをある他の権力の強制に基き、いわゆる汗と油の誅求に成るかのごとく考えることは、少くとも日本の都市の歴史ではない。その結果の有益であったか否かは別問題として、農民の加担がもしなかったならば、多くの都市はとてもこれだけの成長もせず、また存続して今日に至ることを得なかったのである。

　現在市と称するものの三分の二以上と、町と名づくるものの過半数とは、いずれもほぼ同じような経歴の下に、次第に新しい都市の形体を具えんとしているのである。しかし彼らが全然その利害を独立して、四囲の村落と対抗の勢を持するためには、実はまだ少しばかり条件が足りない。やや膨脹をし過ぎたごくわずかの例を除いては、他の多数の旧御城下は、今なお改造の半途にあり、地方の文化に対しては、いまだ一分の貢献をもなし得ないのみならず、単なる消費都市としても、なおその本務を尽し得るまでに整備せられてはいない。しかもこの完成のために人の力、公けの資本を要すとすれば、これを永年の関係ある村々に求める以外に、他にはどこからも仰ぐべき道はないのである。一方にはまた農村としても、仮にその力に何らかの余剰があった場合、これを附近の都会地に利用する以上には、もっと有効なるはけ口は、差当り別に開いてはおらぬのであった。その上に前にも申すごとく、都市と農村との間には明確なる分界線が立っていないとすれば、町と村との二者が対立して互に相制御し、もしくは相防衛すべしと考えることは、日本などではまだ少しばかり時が早きに失すると認めてよろしい。

五　村の市と町の常見世

もちろん永い間にはこれらの都市も、追々に統一ある生活体となって、今日外国人らが自分たちの側から類推している通りに、立派に契約の責任を果し、独自の体面を維持し得るだけの、名誉の主となる時代が来るであろう。国の法制もまた夙くからそれを期待しているのである。しかし現在の実状では、税を取り得るだけが活きる力であって、それが偶然にまだ多くの村よりも低いゆえに、住民は何の圧迫をも感じないのであるが、将来もし負担が加重したとすれば、たちまち彼らを駆ってもと来た路へ退散せしむべき、抜け裏は大きく開いている。多くの中小都市が補助金をねだり取る以上に、何一つ改良の新機軸を出すこと能わず、いたずらに不健全なる消費業者の群に土地の繁栄を一任しておくのは、まったくこの出入自在なる住民を通して、村の力にその存立の基礎を築いているからで、人はしばしば農村の衰微を説くけれども、都市こそはさらにそれ以上に、有為転変の定めなきものであった。もっとも近世は人口の激増によって、外から観たところこの危険の傾向は隠されているが、なお今日の新しい学芸の進みの中において、多数の都市は生気を欠き、かつ著しい停滞の兆をさえ示している。これを時勢に相応して大きくも美しくも健やかにもまた賢くもすることが、主として外側からの援助に待つとすれば、全国民の約七割を占めている農村の居住者らは、今一度改めてこの重要なる対都市問題の正しき理解を試み、できるだけ有効にその固有の力を、自他の幸福のために善用するの策を講じなければならぬ。これが我々国の歴史を重んずる学派の、特に世上に向って表明せんとする態度である。

　けだし日本現在の都市の多くは、常にその建設の歴史を回顧せられつつも、いまだ発育の過程を問う者を見なかったが、当初の創業者たちは、実は必ずしもこれほど大きくなるものと、予期していたのではないのである。太田道灌とわが東京市との関係のごときは論ずるまでもないが、例えば名古屋や広島や仙台のような、確に計画を立てて大いなる土木を起し、あらゆる努力を以て居民を召集したような大城下でも、久しからずしていずれも城主本来の要求以上に、余分の人員が別の目的で来たって参加している。単に地方の人口充溢のために、押され流れてここに淀んだというだけではない。町にも誘う力があれば、来る者にも選択と判断とがあったのである。果して何物の力がこの第二次の成長を促したかは、今でも市街の構成を見ればよく分る。大工は大工町に住み曲物師は檜物町に屯したが、それらは町あって始めて発生した職人でもなく、また御用によって衣食する者も、その中のただ一小部分であった。しかし町に住めばこそ名を知られ、絶えず仕事があり、坐ながら技倆と誠実とを以て、段々に得意の数を増すこともできれば、客の方でもついでの折に立寄って、物を誂え調えて行くことができた。市日を町の名に附いて、三日町・四日市などと称し、または雑魚場だの魚の棚だのと、それぞれの区域が設けてあったのも、単に城内の人たちの買物の便利のため、人はそれから運上を取ろうというような、一方ばかりの御都合に基くものだったら、そう永くは繁昌して行くはずがなかった。百姓の側でもそれぞれの物資について、ちがった日に違った市場に行かなければならぬとすれば、いくら近くても往復の費は少なくない。一つの中心地に品の揃った大きな市が立って、それが附近を統一してしまい、算勘の明るい掛引の巧者な者だけ、まずその地に移って行ったのだから、結局は農村の生活を以前よりも、かえって簡易にする功があったわけである。それが領主の世話焼の下に、追々に月何度の日切市から日々市となり、末には常見世となって栄えたのも、言わば周囲の村の者の要求であった。

六　町人の故郷も村

村にはすなわち都市成立のさらに以前から、商売が盛んになればすぐに商人となり得るような素質の者が、入交って住んでいたのである。工芸の方面でも、専門分業が可能になって、急に技術が進歩したことは事実だが、新市・新町の興立と共に、始めて現われたという職業はそうたくさんにはないのである。都以外にはこれぞという都市もまだ日本になかった時代には、芸能のある者はかえって村々を流浪して生を営まねばならなかった。そうでなければ耕作を本業として、天分の一半を田野に埋没しなければならなかったので、この点から見るときは大名が城池を構えて、その郭外に一群の民居を密集せしめようとしたことは、あたかも彼らの待焦がれていたところであった。こういう世態であったがゆえに、城下の計画も成立つことができたとも見られる。とにかく軍略や行政の必要以上に、人が集まって来てたちまちに都市を大きくしたのだから、言わば武家はただその機縁を供与したというに過ぎぬのである。

もっとも創設当初の日本の都市は、今よりも遥かに村と近いものであった。いわゆる屋敷町にはついこの頃まで、まだたくさんの田舎風の生活法が残っていた。というわけは士はほとんど全部、やはりまた農村から移って来た者であって、その収入の簡易さは特に住居の模様などを、改める必要を感ぜしめなかったからである。しかも眼前の新境遇を大切に固守して、最も早く故郷と絶縁したのも彼らであったが、なお周囲には多くの村に生れた者が、仲間・小者らとなって附随していた。彼らが自分たちも町に住みながら、他の一半の商業に携わる者のみを、特に町人と名づけて別階級視し、力めて異を立て感染を避けようとした気風の起り、すなわち武士の特色とした質素・無慾・率直・剛強の諸点は、本来は身分や権力とは関係なく、村から持って出た親譲りの美徳であって、同じく刀をさす人に威張られていた者の中でも、地区を隣接して住んでいた町人よりは、よほど百姓の方が生活の趣味において、彼らに近いところが多かったのである。

しかもその町人が大抵はまた村から転業して来た人であった。これは三、四世紀前には都市と名づくべきものが、日本にはなかったのだから当然のことであるが、町で富豪といわれ旧家と認められる者の由緒書を見ると、ほとんど一軒として元どこかの田舎の地主の子でなかった者はない。その中で計画に長じ算数に明るく、人を善く使って輸送配給の事務を托するに足る者が、まず取立てられて城下に来て住んだ。すなわち領主に対して一定の公役を果すことが、彼らの当初の職分であったのだが、他の種々の御用職人と同様に、身分は軽い代りに主従関係は普通の武士よりも自由であって、余暇に自分で働いていくらでも所得を稼ぐ便宜を供せられた。これが現今の意味における商売人というものの起りである。士農工商の名目はいつから始まったか知らぬが、猶太人のように先祖代々、商いの道しか知らぬという家筋は、わが邦にはほとんどなかったので、従うてそれから以後も商人の卵を養成するのに、いつでも年季奉公人を村民の中に求め、またその中から次々に立派な新店が崛起した。単にそればかりでなく番頭・手代の律義また精励なる者を見立てて家の娘を娶わせ、あるいは株を譲りあるいは幼弱なる弟息子を後見させ、または衰えかかった家道を恢復させるなどは、日本特有のしかも普通なる町風であった。敷銀と称して多額の持参金を携え、在所の物持の次男・三男が、養子に入込むという例も多かったらしく、これを一種の資本調達法としていたことが、西鶴・其磧の小説にはしばしば見えている。要するに都市には外形上の障壁がなかったごとく、人の心も久しく下に行通って、町作りはすなわち昔から、農村の事業の一つであった。どこの国でも村は都市人口の補給場、貯水池のごときものだと言われているが、我々のように短い歳月の間に、これほどたくさんの大小雑駁の都会を、産んだり育てたりした農民も珍らしいので、従って少々の出来そこないくらいは、適当の時に心付きさえすれば、まず我慢をするよりほかはないのである。

七　土を離れた消費者心理

それよりも早く問題にしなければならぬのは、いつの時代にも三割四割、時としては半分以上の田舎者を以て組織せられておりながら、何ゆえに町には村を軽んじ、村を凌ぎもしくはこれを利用せんとする気風が横溢していたかということである。昔からよく江戸の水にしむといい、町場の風に当たるともいったが、その水その風にはそもそもいかなる魅力があって、一朝にして人を故郷の因縁から切離し、まったく新しい立場に立って、渡世というものを考えることを得せしめたかということである。現在の世相にあっては、この解説はさして困難でないかも知れぬ。第一には出て来る多くの村の人が、今ではもう散々に田舎の生活に飽きて、言わば他人になるつもりで別れて来ている。窮屈な社会道徳の監視から抜け出して、一種の隠蔽物（いんぺいぶつ）を求めるような心持で、大きな町の奥に入込んだ者も少なくはない。その上に群の威圧は、格別個人の尻押しをしてはいないのだが、外部に対する場合にはこれを漠然たる頼りにすることもできるのである。しかしこんな状態はもちろん都市設立の最初からあったのではない。これに反して町が村に対抗しようという気風は、かえってそれ以前に始まっている。いわゆる都鄙問題の根本の原因は、何か必ず別にあったはずである。

　私の想像では、衣食住の材料を自分の手で作らぬということ、すなわち土の生産から離れたという心細さが、人をにわかに不安にもまた鋭敏にもしたのではないかと思う。今でこそ交易はお互（たがい）の便利で、そちらがくれぬならこちらもやらぬと強いことが言えるが、品物によって入用の程度にえらい差があった。なくても辛抱ができる、代りがある、また待ってもよいという商品を抱えて、一日も欠くべからざる食料に換えようという者などが、悠長に相手を待っていられぬのは知れている。ましてや彼らが農民の子であったとすれば、小さな米櫃（こめびつ）に白米を入れて、小買いの生活に安堵（あんど）してはおりにくい。貿易にはいつの場合にも、受身と働き掛けとの二つの場合がある。必要の急なる者の側から、進み近よって取引を求めることは、大は鎖国時代の長崎の貿易から、小は村々を経廻（へめぐ）った行商人までも一様であった。越後（えちご）などは今でも行商をタベトといっている。旅人は殊に食物の交易を熱望した。タビは「給（たま）え」であり、アタイは「与え」であった。しかるに町が立ち常店が出来ると、商人は坐（ざ）して日用品の来（きた）り給するを待っていなければならぬ。町の住民の殊に敏捷（びんしょう）で、百方手段を講じて田舎の産物を、好条件を以て引寄（ひきよ）せんとしたのも、そうしなければならぬ理由はあったので、それが官憲からも認められ支持せられると、追々に都市を本位とした資本組織が発達して来るのである。

八　宿駅生活の変化

こういう消費者心理は久しい間、かなり著しく町の成長を抑制していたようである。兵糧攻（ひょうろうぜめ）の苦しみは独り籠城（ろうじょう）の時だけではなかった。町に飢饉（ききん）が入ると秩序はすぐに壊れてしまう。いかに年貢を多く取っても、輸送の力には限度があった。それゆえに国にただ一つの京都ですらも、古くは来住者を制限する命令が出ている。江戸の膨脹なども決して政府の志すところではなかった。追々に機関が具（そな）わって、大分（だいぶん）の人口を盛っても差（さし）

支(つか)えぬようにはなってはいたが、なお時々の食料欠乏には、えらい心痛をしなければならなかった。地方多くの城下には農人町(のうにんまち)の一区があり、また城から見えるほどの近い郊外に、なるべく広い米田を存置することを心掛けたようだが、それは仮に籠城の際には役立つにしても、平素の需要に対しては高の知れたものであった。燃料でも水でも皆同じことで、もともと必要以上に集まって来た住民の全部に、すべての保障を与えるだけの、用意がないことは自他ともによく知っていた。それが言わず語らずの間に都市人の神経を刺戟(しげき)して、彼らを抜け目なくもまたやや手前勝手にもしたのは、致し方のないことである。

その上に農業は単なる力業(ちからわざ)でなかったから、誰でも中年から再びそれに戻って行くということがむつかしかった。大切なる子供の頃の見習いを、少しもしていない二代目はもちろんであるが、若い時は村で働いていた人たちでも、しばらく実際から遠ざかっていると、はや本物の百姓との間に、著しい技能の巧拙が出来て、軽蔑(けいべつ)せられることを承知の上でないと、以前の仲間には入って行けない。土地の使用についても損な条件を忍ばなければならぬ。従って人はなるべく村へ帰らない算段をしたのである。都市は自由と昔から考えられていたが、職業の選択については昔も今もかえって村に住む者よりは不自由であったのである。

この不自由を殊に痛切に経験させたものは、日本に最も数多き地方の小都会であった。今日では何人(なんぴと)もこれを都市という中に入れて考えようとするが、設立者の計画は実は別であり、従って都市らしき用意が最初から整えてなかったために、成長に際して余分の苦しみを味わ(あじわ)なければならなかったのである。一番著しい実例は大小官道の両側に分布する、以前の宿駅の町になったもので、交通の変化によって当然に盛衰したのみならず、なお将来に向ってもむつかしい問題を留めている。駅の主要の任務は伝馬(てんま)の供給であって、馬を最も有利に備えておける住民といえば、農業者の他にはなかった。すなわちただにその住民の農家たることを便(べん)とするだけでなく、むしろ行政庁はそれを希望したのであった。それが追々に運送の用が多くなって、専門の馬持(うまもち)・馬方(うまかた)が出来、いつとなく眼の前にある田畠に、手も触れぬ者がいくらも住むようになったのである。農業に冷淡なる近世地主の発生地、茶屋商売を町の繁昌の種にしようという類の、感心し難い気風の養成場として、永く累(るい)を農村に及ぼした宿駅が、元は自分もまた一個の農村であったということは、我々のためにはいたって大切なる教訓である。

九　愛郷心と異人種観

どこの国でも最初耕作者の子弟が、居を移し業を換えて、段々に市民となったのでない例は恐らくは一つもない。それが後々喧嘩（けんか）を始めて、国内を二つに割る弊風（へいふう）を生じたからとて、今さら過去の心得違いを責めるのは無益だと思う人があろうも知れぬ。しかし日本だけでは少なくとも、まだそういう点を考えてみて、十分に間に合うのである。第一に現在大小の都市は多くは年が若い。彼らの履歴はたくさんの人に記憶せられている。そうして今でもほぼ以前と同じ路を歩もうとしている。いわゆる都市の人口吸収力が、もう大抵絶頂を越えたというのは大都市だけのことで、他の多数の小都会においては、現に盛んに流れ込み、また入代（いりかわ）りが行われつつあるのである。しかもこれらの町を大きくすると同時に、丈夫にかつ美しくすることは、国土全体から見て極めて必要なる事業であって、これに関与する内の人、外の人、殊に新たに動こうとする者の態度次第、善くも悪くもこれからなるのだとすれば、学問はすなわち何よりも大切であり、何よりも禁物は無我夢中で動くことである。

二つの新しい経験が我々を考えさせる。日本人は外国に出ると、単に同じ日本人という理由だけで、親しくもなりまた結合する。それが十人となり二十人と増加して来ると、その中にまた何々県人会などが出来るのである。東京・大阪の渦巻く人浪（ひとなみ）の中においても、人は決して他の全部と他人なのではない。郷里から出た者は必ず頼って行くところがある。偶然に廻り逢（めぐりお）うてすらも手を執（と）ってなつかしがる。ましてや遥々（はるばる）と訪ねて来た者ならば、宿を貸し食を分ち、案内をするなどは常のことで、その間には少しでも市民と田舎者との関係はないのである。それまでにせずともその親切の片端だけを割（さ）いて、見ず知らずの村の人々に薄く拡げてみたらどうかと思うが、それができないのは久しい間養われ居た、今は無用なる我々の防衛心であった。

船や汽車などの乗合の中でも、何かのはずみで言葉を交えると、たちまち友人になって名刺ばかりか、食物まで交換しようという好意のある者が、はじめはお互に実にこわい顔をしている。人を仲間と他所者との二種類に区分して見ることは、ごく大昔の割拠以来、一度も改革を受けなかった村生活の癖であって、たまたまそれが成長する都市の中へ持って来て、殊に忍ぶべからざる衝突に変化しただけである。我々の道徳はかつて外部の交渉を離れて、内には優美の極致まで発達しながら、なお異なる利害と接触すれば、しばしばその作用を停止するの必要を見ることがあった。都市にはその必要の有無を判別すべき総意というものがまだ現われずに、ただ満目の未知の人の、雑然として来り迫るを感ずるのみであった。四海同胞の理想に徹底せぬ者が、出でて異種族の間に移住するの困難なると同様に、国の統一、地方の結合のために、都市の繁栄して行くことを希望しつつ、なお弘い新たな道徳の力を承認しなかったならば、都市が人情の沙漠となり、旅の恥を掻棄てる場所となり、人を見たら泥棒と思う土地となるのもやむを得ず、またそれでは本当の建設とは言われぬのである。

一〇　農村から観た都市問題

国民総体の立場から考えると、都市の軽薄と没道義を非難することは、往々にして自ら嘲るの結果にもなるのである。ちょうど鏡にわが影を映して見るように、村ではまだ大きな害もなく従って目にも立たなかった今までの弱点が、集めて一団にして見ると、もう棄ててはおけぬものとなる。都市に生命の中心があり、伝統の保持に任ずる者があればこそ、外からその価値を批判することもできるが、この六十年間の日本の都市などは、ただ四方から流れ込む者の滝壺のごとく、絶えざる力闘はむしろ前からある者を押出そうとしていた。そうしてわずかに勝った人は、その方法手段の何であるかを問わず、その故郷がまずこれを成功者として喝采したのである。嶺や大川を堺に割拠していてさえ、なおこれでは時々の衝突を免れない。いわんや一つの中心に無数の利害を突合わせ、その中で自由に弱そうな相手を見付け、仲間でない限りはどこを征伐してもよいことにしておくとすれば、末にはその修羅道の苦しみが、差違えて銘々の田舎に戻るのも自然である。都市を作りに出た人も、郷里に留まってその成功に期待している人も、今はまずこの浅ましい共同の経験に目覚むべき時である。

都市の個人主義と自由なる進出とを制御して、農村問題の解決策に供せんという学者は以前から相応にあった。しかしこの人たちは農を愛し村を思うのあまり、時としては今の市民の過半数が農村人の子であることをさえ忘れていた。それからまた田舎に農村問題があるごとく、町にも都市問題のあることをさえ忘れていた。都市問題という語はすでに雑誌の名にもなっているが、その内容は前者とはまったく別で、ただ下水・道路・公園・小学校の類を、どう経営するがよいかを限度としている。村で農村問題を説くように大層には考えておらず、中にはこの意味における都市問題はないと言った人さえある。そんな話があろう道理はない。都市の窮乏と不安が量においても質においても、決して多くの村落に劣っていないのに、心ある人たちまでなおこれを看過ごすほどにそれが物蔭の事実であったとすれば、仮に都市同住者の共に騒ぐことを期し難しとしても、故郷の村々にとっては大きな問題でなければならぬはずである。村を出てしまった以上は他(ひと)のことと、気軽に見てしまうところに人情の割れ目がある。これではまだ全国家の幸福のために、都市の改造を企てるだけの十分の準備があるとは言えない。

ただし幸いなことには現在のところ、知りつつこのような疎隔の道を歩んでいる者はまだいたって少ない。これが世の中の常の姿、各人の力の如何(いかん)とも致し方なきものと、実は思い切りが少しく好過(よす)ぎたというまでである。果して農村が都市の乱闘を救い得ぬほど無力であるかどうか。都市との関係は現在ある形がただ一つのもので、押しても引いてもこれ以上に動かしようがないかどうか。私などはまだ研究の余地が十分あると思っている。我々は市人たると村人たるとを論ぜず、すでに社会をもっと住みよいものにしようという志を抱いている。また新しい代(よ)に生れたお蔭に、自由に物を判断する権能を認められている。強いて一つの道を歩めと命ぜられると、これに反撥(はんぱつ)するの気力をさえ具えているにかかわらず、なお書物なり人の説なり、ないしは久しい行掛かりなりに、知らず識(し)らずの間に自分を拘束せられていたのである。それから脱却する路はただ一つ、まず精確に周囲の事実を知ること、次には理論をこれに当て篏(は)めて、それが果して自分たちの場合に、適応するや否やを考えてみること、すなわちこれである。そこでその実験の材料に私のこの小さな本が、もし役立つとすれば願ってもない仕合せである。

第二章　農村衰微の実相

一　村と村との比較から

新たなる疑問は率直に提出せられなければならぬ。第一に農村衰微ということは悪いことである。それを我々は何ゆえに公然と唱えなければならぬのであるか。国の衰微を説く者の怒られるはもちろん、ある家の家運が著しく傾き、ある人の健康が現実に死に瀕している場合にも、なおこれに向って衰微を声言して、不快を感ぜざる者はないのである。都市のごときも確に潰れんとしているものはあるが、人は力めてその事実に触れまいとする。独り農村に対してのみは、その衰微を信ぜざる者は同情なしとせられ、仮に証跡の確なるものを得ずまた何らの救治策を示し得ぬまでも、これを概括無条件に認めた者が、志士仁人のごとき印象を与えるのである。かくして大いに憫まれんと欲することが、古くからの農村の癖であったか。ただしはまた世が改まって後、何かの事情の下にこの不吉なる流行が始まったのであるか。これはまず農村に住む者自身、恐らくはすでに心付いているところであろうと信ずる。

第二の疑問は種類多き農村の中で、いかなるものが特に衰微し、いかなるものがやや その災(わざわい)を免れるか。それを判別し得た者が果してあるかどうかということである。村の広狭・地位・便宜、その他いろいろの事情の変化を一貫して、どれでも皆衰微ということはあるまいと思うが、何人(なんぴと)が果してわが居村を、その最も気の毒な一つと認定することを得るのであろうか。なお一歩を進めて考えると、農村の衰微ということはいかなる状態を指すのであるか。ここからまず尋ねてかかる必要が現在はまだあるように思う。

もし我々が案じているごとく、人がしきりに説くゆえにわが土地もまたそうであろうと思い、事実農村には衰微した例があることを知って、自分の村もその中に属するかと考えることが端緒であるならば、それはまさしく警戒を要する危険である。村の主(あるじ)たる住民がそんなことを考えて、元気を保持し得る道理がない。いずれの土地、何の職業を問わず、自信と元気とは常に繁栄の基礎であり、それがなくなれば繁栄は停止する。衰微でないまでも衰微の兆候である。しこうして現在憂えられているのは零落そのものにはあらずして、実はやや目に立つその一般的傾向であるのだから、何のことはない我々は、自ら原因を作り設けるようなものである。何は置いてもまず的確にその事実を掴(つか)み、まこと少しでも衰えかかっている形跡があるなら、もちろんできる限りの救治を策すべきであるが、さもない場合には無益なる悪夢に、魘(うな)されるような不幸を避けなければならぬ。全体に人は町を見て来てよくその噂をするけれども、村を互(たがい)に見比べて自分の土地の実際を知ることは怠っている。それが今日の一つの欠点ではないかと私は思う。

二　生活程度の高下

村方(むらかた)疲弊という語は、もとはいわゆる公辺(こうへん)に向って、しきりに使用せられる語であった。誰が見ても争うべからざる疲弊は、広い区域にわたった凶作の後で、旱魃(かんばつ)・大水・大嵐の害よりも、虫と低温とはさらに怖ろしかった。これを直接に餓死の年と名づけ、人が半分以下にもなったことは珍しくない。それ以前には戦乱に荒されて、一朝(いっちょう)にして村が野となった例も多かったが、幸いにしてこれだけは早く防止せられ、その代りには江戸時代の平和は、これを理由にして年貢をうんと取った。あるいは大して価値もない公の土木のために、むやみな賦役(ぶやく)を課したこともある。そういう場合には当然に村が衰微し、また衰微をさせることは結局は不利益だから、支配した側でも手加減をしたのである。従ってなるべく早期に村民が痛みを呼号することは、消極的ながら一種の自衛手段でもあった。あるいは荘屋などの作略で幾分の誇張をしやせぬかと疑う者すらあって、税吏との間にいたって不愉快なる押問答や探り合いが行われ、いよいよ観察者の眼を警戒して、迂闊には鼓腹満足の感情を表わしてはならぬという気風を養ったのである。そんな遠慮が今の世に入用でないことは、少し考えてみれば分ることであるが、つい何心なく年寄たちが以前の辞令を交換するゆえに、時には冷静なる、判断を妨げていたのである。

もっとも年貢課役のためばかりに村を立てていたような以前の時代と、今日の農村衰微とは内容が同じでない。これが前代ならばこれで結構だ、も少し税が掛けられると認められたほどの暮しをしていても、なお自身は衰えたと意識する場合も確にある。しかしそれが単なる個人の精神的変化でなく同時に社会上・経済上の事実である以上は、必ず何か外側に現われた目に立つ兆候がなくてはならぬ。いたって大ざっぱなものではあったが、昔の地方役人とか代官手附とかいう者は、いつも村柄の善し悪しを問題にして、巡視の際に必ずしも村民の愁訴によらず、形の上からこれを判別する口伝のようなものを持っていた。その第一は生活程度であるが、衣と食とではなかなか手軽に暮し向きを確かめることができない。そこでなるべくは高いところにでも登って、村の家作の模様を見よといった。石垣・白壁・土蔵の類が多くとも、それが古び壊れ傾きよろぼい、痛んだままに棄てであるのは、大抵は住民不手廻りの証拠だとも記してある。これは名言で、住宅の損じほどお互に気になるものはなく、またそう容易には取繕い難いものもない。ところが当節こんな点が果して一つの標準になるものかどうか。私らが旅行を始めて三十年足らずの間にも、海道筋の村方はほぼ残らず瓦葺きに改築せられ、もはや見窄らしい草屋などはなくなり、畳を敷き縁側を附けて、夜は電灯を点ける家が多くなった。もしこの外観を以て村の幸福測定の尺度とするならば、それこそどのような誤解に陥るかもわからぬが、さりとてまたこれを村衰頽の兆とまでは見るわけに行かぬのである。

三　物議と批判力

一言でいうならば生活程度の一般の増進は、直接に村盛衰の表示とは認め難くなったのである。その次に昔から難渋の村の目標としていたのは、内輪の治まりが悪く、いつも物議の種の多いことであった。なるほどそういう場合には必ず済し方が遅れ、村役人の更迭も頻繁になって、手数がかかるからすぐに目に著くので、それも生計が一般に安楽で、ただ口やかましい人がいるのに困るというようなことは元は滅多になかった。人が新たないろいろの思わくをするのも、言わば苦悩の産物で、それが外れるとさらに衝突が起り棄鉢(すてばち)の気風を生ずる。百姓一揆(いっき)の前などには、大抵はしばらくこの類の動揺が続いたようであって、古風な行政者にとってはいっそ今一段と衰微の度を過ぎて、弱り切ってくれた方が治めやすいなどと、内々は考えていたかも知れぬのである。

　現在の世の中でもこれはもとより有難くないことである。そんな評判のある土地へは移住者は申すに及ばず、ただの取引にも近よろうとする人が段々減ずるが、少くともこの一事のみを以て、村衰微を推定することはもうできなくなっている。と申すわけはすでに久しい以前から、村には単純なる耕作以外の、いろいろの利害が入交(いりまじ)って根を生じている。従って一つの仕来(しきた)りを以て全部落を統制し、これに背く者を押えてしまう力は弱っている。その区々たるものを調和するためにも、ある程度の討議は必要になり、人は必ずしも弁説を怖いものとも思わなくなった。その上に教育の大きな効果で、新たに考える種がいくらでも増加して来た。目下農村の平和を脅かす小作問題のごときは、結局は慣例のみを以て無言の裡(うち)にこれを解決する見込はなくなった。村を改善するためにもなお今少しは論じかつ考慮する必要を認めて来たのである。

とにかくに人が賢くなりかつ抜け目がなくなるということを、村の将来の幸福のために憂慮することだけは、今では単に無用になったのみならず、往々にしてまた有害にさえなっているのである。ただしその賢いの上に悪の字が附けば、すなわち悪くなることは農村には限らない。今まではむしろ一部のいまだ賢ならざる者がいたために、悪意の輩をして物議に成功せしめたので、さらに教育が進んで人が一様によく考えるようになったら、再び以前のごとく揉(も)めずにすむ村となる希望がある。従って仮に今日ではどうあろうとも、行く行くはこの点を村の衰微の一兆候とせぬことに、お互が努力しなければなるまいと思う。

これとはちょうど正反対に、何でもかでも人の言うことを聴き、昨日は左の講演に動かされ、きょうは右の書物に感激するという類の、気軽なる調和性もすでにその弊を露(あら)わしている。これは単に青年の気魄(きはく)の消耗を意味するのみならず、せっかく起りかけている都市文化の正しい利用の上にも大なる妨げである。ただ素直なる摸倣をしてよいものならば、村の周囲には無数の先例と指導とがあり、さらにそれよりも適切なる村の経験があるのである。それにもかかわらず新しい時代に意識して、これを取捨するだけの自主を要するとならば、次にはまた異なる土地、異なる立場にも注意を払うべき道理で、その自主能力の成長こそは、恐らくいつまでも村の盛衰の一つのバロメートルとなって存するであろう。

四　一人貧乏と総貧乏

村の一致ということは外から見て美しく、また通例はこれを以て、村が共栄している証拠と認めているが、個々の住民の立場にいて考えてみると、これには明らかに二つの種類が分たれる。その一つは住民境遇の永い間の類似から、互に他の者の心持がよく解って、人は想像以外のことをせぬというよりも、そのしそうなことはすべて脇の者が予想してくれる場合である。二つには親切でしかもやかましい顔役というような者があって、俺のいる間はびりっともさせぬなどと頑張っている一致である。いずれにしたところが纏まれば同じことだと、思っていることは中の者にはできない。有力者専制の方はある時は始末がよいが、近頃は何にでも利用され、またすこぶる永続が望み難い。つまりは個人の威信が先に立つからである。

いかにしてこの二種類があるかは、やはりまた歴史の問題である。百年内外の新田場ならば、この歴史は一目見て分るが、古い本田の部落でも、最初これを拓く際に五軒七軒の申合せを以て協同に作ったものは、永くこの共和式が行われているかと思う。後に分家なり控え百姓なりが附随しても、彼らの本家は一軒だけで、他の家から見れば皆対等である。これに反して草分けが家来を引連れ、世話介抱をして開かせた村では、たとえその大家が滅びまたは衰えても、依然としてこれに代る中心があり、その者が総利害を代表せんとする。小さき個人もまたよくよくでないと、これに向って故障を唱えず、従順に大勢に服しているのである。もちろん威張る方でも名誉律の拘束は受けて、いわゆる温情主義は完全に行われていたのだが、普通にこういう場合には貧富の懸隔が伴うゆえに、経済の事情は一様なるを得ず、わずかに災難の共通であった時ばかり、村の衰微が外部に打明けられるのである。すなわちこの種の一致の下においては、しばしば農村一部分の衰微というものが、人に気付かれずに潜(ひそ)み得たのである。

農村の衰微は当然に個々住民の疲弊の意味であって、それ以外には別に集合して始めて疲弊となるものはあり得ない。しかし学者などの細かく物を考えようとする人に言わせると、全部か一部か、一部ならば何割以上どの部分と、突き詰めた話になるかも知れぬ。実際またいかに不幸なる村でも、利害の一様なる小百姓の村でも、一戸残らず皆借財に苦しみ、衣食を給し兼ねているという例は稀有(けう)である。そういうのが始めて窮村ならば、日本は窮村の少ない国と言える。たとえ一方にいつも裕福な、もしくは人の貧苦によってかえって太る者が住んでいようとも、また半分近くはどうにかこうにか暮していても、眼の前に困る者の追々増して来るのを見、朝夕にその泣言を耳にして、とてもこの土地では農業では立って行けぬという結論に、たとえ漠然とでも到達するような村なら、それは確に衰微しかかっているのである。しかしここまで来て今一度考えてみなければならぬのは、その原因が村限りのものか、はたまた一般的のものかということ、従って治療の方法の、内にあるか外にあるかということである。都市の底には極貧のさらに忍び難きものが、数多くまで救われずにいるのみか、日に日に零落の淵に落る者とても、割合はむしろ農村より多い。それは原因が半ば内に存し、いまだ溯って源頭を治めることのできぬものとして、辛うじて救貧制度のごとき対症投薬を試みているのであるが、私はその推定の果して当れるかを信じ得ない。他の一面において農村の衰頽が、ことごとく村民自己の力では如何ともする能わざるもののごとく、解せられていることにも大なる疑がある。方法の有無は少なくとも一度、試みた人でなければ確言はできぬ。しかも我々はまだ詳しく考えてすらもみなかったのである。

五　農だけでは食えなくなる

二つのやや矛盾した考えが、この大切なる農村盛衰の問題を判定しようとしていた。その一つは農産物殊に米の市場供給の増加が、農村振興の兆でありまた意義であるとしたこと、他の一つは人が農村に充ちて溢れんとする状態を以て、土地の栄えて行く姿と見たことである。耕作適地の地理的に限られている以上、また穀物が余剰商品の優なるものである以上、いかに切望してもこれは両立せぬ願であった。男は二段、女はその三分の二の田を班った昔から、人を養うべき面積の最少限は定まっていた。農夫は別にそれ以上を貪っていた時もないのであるが、交易の必要は次第に彼らを促し、強てその中から若干の余分を産出して、その範囲内で少しずつの農民でない者を増加したのである。しかるに荘園の時代に入って、実際耕作者の条件は悪くなり、領主の取前はますます多く、後にそれが公租の形になって、五公五民などという途方もない課税を生じたのである。この強制の分配によって支持せられ、そのまま我々の時代に引継いだ消費者の階級は、実は普通の計算法によると、土地の生産力に比してやや過大であった。日本の都市が地方の供給に対して、いくらか多量の不安を抱かなければならぬのもまたこの不釣合なる成長の結果であったようである。

昔ならば告諭を以て農民に粟・芋の類を食わせ、努めて米穀の消費を節約してこれを市場に出させることもできた。今日でも外米を買入れて、わが作米を売ってしまう勘定を立てている農家がある。しかしいかなる算段を廻らしたところが、活きるだけは活きなければならぬ。たとえ直接に土地には養われずとも、土地の上に各自の生計を営まずにはおられぬ。しこうしてその家数が今ではまた、各農村の支え得る限度に、到達してしまったのである。ゆえにこういう地元の消費者と対立して、都市の食料と原料とを確保すべき人々が、異常な神経過敏となって、あらゆる手段を講じようとするのも、またすこしでも不自然ではなかったのである。

村にもまたこれに類する悩みはある。土地の余裕には隣村同士でも著しい差があって、しかも人の移動にはいろいろの障碍があった。そのために一方には流れて町に入って、できるだけ土に拘束せられざる生活をしようと試みる者も出来れば、また他の一方には、副業・兼業の問題も早くから現われたのである。村に行われるいろいろの非農業を、ぜひとも二段に区別しておこうとする人は多いが、私だけはそんなことができるとも思わない。なるほど海部と称する一種の水上労働者だけは、今でもまだ本式の耕作を知らず、その他にも若干の穀物生産に与らぬ者が、わずかに不用の土地に定住の便宜だけを供せられた例はあるが、大多数の常民は本来ただ農のために土着したので、タミという語は元は確に田に働く者の意味であった。すなわち工であれ商であれはた士であれ、かつては副業でなかったものはないのだが、活きるという計画の下には末は兼業に止まらず、専業になってもまだ足らぬという今日の状態にまで押進んだのである。それゆえに人口が多くなって土地の開墾がこれに伴なわなくなれば、必ずしも外からの奨励を須たずして、村には昔からさまざまのいわゆる添挊があった。自給農民の手作りの家用品が、少しでも巧者になりかつ地の利を得ると、すぐに持出して交易の種に供すべく、なるべく多くの余剰を生産せんとしたことは、繭でも野菜類でも藁細工・竹細工でも変りはないので、政府がなまじいにこの間に分界を立てんとした結果は、かえってかなり村に親しい産業を外に取られて再び手が剰り、しかも純なる農業の村ともなり得ずに、いたずらに住民の生活を窮屈にしたに過ぎなかったようである。

六　不自然なる純農化

都市の威力が村落を衰微せしめた事実がもしありとすれば、それは農業の一本調子を煩雑に導いたという点よりも、むしろこの自然に反した生産の単純化であったろうと思う。いかにも技術の進歩の上からいえば、専心に一種の生産に働く方が、有効であることは明かであるが、よほど古い頃からわが日本には、そういう意味の純農村はなかったのである。埋立開墾などの米田一色と称する部落でさえも、畔には大豆を播き、土手の根には菜を作り、軒には鶏を飼い背戸には竹の子を育てて、売れるならそれも売ろうとしている。手が剰るから少しは夏蚕でも掃立ててみようといい、もしくは頼まれて隣村の茶山にも働きに行くというのが、何で単一なる農業と言われようか。家の生活方法としてこそ統一があるかも知らぬが、生産としては複雑を極めたものである。どこの国の農業でも皆こんなものだと考えてはいけない。量はおかしいほど少ないにもせよ、一戸で十五種二十種の作物を、それぞれ作り分ける技倆をもっている農夫は、恐らくはわが邦以外にはおらぬので、またそうしなければ進んだ今日の生活に堪えなかったのである。しこうしてこの選択と配合とは、自然でもあればまた自由でもあった。祖先の家を離れるといういやなこともせず、坐ながらにして周囲の状況と順応し、各自の私経済の実験に基いて、追々と力をその最も便宜かつ有利とするものに傾け、ついに今日の養鶏家や果樹園主、または牛乳屋などにもなることができたのである。その中でも養蚕はまったく新しい一つの大産業であった。その技術に驚くべき躍進があった代りには、これに熱中する者は多くは旧来の農に別れている。桑の葉の売買は市が立つまでに盛んになり、外部の労働を蚕のために招くに至っては、すでに兼業の域をも通り越して、以前村の金持が酒屋となり油屋に転業したのと、異なるところはないのである。しかるに人はしばしば概念に囚(とら)われて、これら特殊の農業は十分に愛護しながら、他の同種の事情の下に成長せんとした生業の、いわゆる農の定義に入らぬものを疎外した。そうして都市の資本力が、代ってその方面を経略することを省みなかったのである。

それゆえに我々の農村衰微は、かえって最も都市に遠き山間僻地(へきち)から始まっているのである。平野のいわゆる純農村が、今ようやく不安・悲観を感じ始めた同じ原因が、夙(つと)に山村を圧してその繁栄を困難ならしめたのである。この前例だけはぜひともまだ間に合ううちに、これを有力なる参考としなければならぬ。山本熊太郎氏の「人口分布地図」を見ても、深く考えずにはおられぬことは、日本のごとき山だらけの国において、村が山地の間に存続し得ないとすれば、たとえ何人(なんぴと)の来たって憂苦を訴うる者がなくとも、これは棄置(すてお)かれぬ大変な話である。我々の祖先があの淋(さび)しい土地に入って住む気になったのは、始(はじめ)から充分なる田畠が拓(ひら)かれ、いわゆる純農業の行われることを期したからではなかった。耕作はわずかに衣食の最低限度を支えるに過ぎぬことは承知で、ただただ他のいろいろの添拵（そえかせぎ）の、豊（ゆたか）なることが頼みであった。彼らが武陵桃源（ぶりょうとうげん）の睡（ねむり）覚めて、いよいよ浮世の交通を開くことになると、実際それがまた唯一の足がかりでもあった。炭なり杓子（しゃくし）なり枌板（そぎいた）なり、それあるがために辛うじて立つという村は多かったのでもある。しかるに猟でも峠の運搬でも、すべて遠くの人に取って替られ、なお一番大切なる林野には都市の資本が入った。国が率先して新式にこれを経営し、住民は使ってやると称して、入用の際には他所からも多く補充し、入用がなければいつでも解傭（かいよう）し、山は手を附けずにおくのが最も有利なる投資法だなどといっている。これでは農村のごとき永遠性あるものが、山の間に存続する余地はないわけである。

七　外部資本の征服

私は資本の都市偏在を非難する声を聴くごとに、いつも世間の気楽なる速断に苦笑する。資本家の多くは出せるものなら、いくらでも地方へ出したいと願っている。現に全国の民有林野のごときは、もしそれが幸福なものなら、今すでに肩を没する程度に、都市資本の恩恵に浴しているのである。地図を見てもここと指すことができず、担架に載せられなければ一生涯、見に行くこともできぬような山林が、片端から都市の富豪の金を引出すことを得たのである。かかる恩恵ならば条件次第、悦んで農村へは入っている。それをねだって成功せぬような人は、よほど働きのない人と言わなければならぬ。

もちろん利子の安い国家の息のかかった資本を、何らの掣肘を受けずに使ってみたいというのであろうが、それは要するに最も平凡普通なる都市の資本家らが、切望していまだなし得ざりしところのものを、新たに土地土地のやや才能ある者に、居住者たる便宜によってなし遂げ得させることを意味する。村々の工業が整理せられて、順次に大会社の事業に入って行ったごとく、もしくは山間の民がその意に反して純農化させられたごとく、現在変化に富む我々の農業も、この外からの資本の支配に服して、末始終はその選択を制限せられる危険がある。というよりもすでに肥料や穀物売渡しの関係においては、もう若干の自由を殺がれている。個々の生産者の手においてこそ、資本は武器でありまた力であるが、外から持って来ることになれば、それには別の意思が伴い、別系統の管理法が要求せられる。まだ借金の術を解しない農民たちが、村全体のためという名に欺かれて、実力の二、三外部の指導者の手に帰することを知らず、結局は悦びながら亡びたという例も、不幸にして日本には多かったのである。

過去三、四十年の間、無慈悲の金貸をしてその暴威を逞(たくま)しゅうせしめ、わずかに政府の低利資金に頼んで、どうにか退治をしてもらったというような土地では、借金はかなり危ないものである。殊(こと)にあぶないのは多勢の名義で、巨額の金を借出した時で、個人としては随分上手に人の金を使い得る者でも、共同の債務を整理する術は未熟である。今日村が苦しんでいるいろいろの借金は、苦しいながらもまだ始末がよい。中には入用もない会社などに変形して、権利は知らぬ間に知らぬ株主の手に移り、そのくせ村内に成り立ち得る産業を、それだけ他処の者に侵蝕(しんしょく)せられた結果を見ていることは、林野鉱山の権利を騙(だま)されて安く売った場合と、何の異なるところもないのである。山の自然の利益などは、本来僻遠(へきえん)不便の地に住む農民の、苦しい辛抱の埋合せともいうべきものであった。これを将来の繁栄に役立てるためには、もちろん外部の智能と財力とを利用しなければならぬが、住民がまだ経営に不得手だからというだけで、まるごと乗取られてしまうべき道理はなかった。しかも悲しいことには仲に立ってその世話をした者は、村に生れたやや小賢(こざか)しい一、二人であった。何のことはない彼らは眼前わずかな口銭(こうせん)のために、村の永い生命を売ったのである。島や海辺の部落でも、山村ほどの零落はまだ見ないが、たった一つある漁業権を、同じ方法を以て縁もない資本家に引渡し、住民は普通の日傭取(ひようとり)の地位に甘んじている例は多いようである。わずか形をかえてこの次には純農業地方へ、同じ征服が向って来ようも知れぬ。

ただしこれを名(なづ)けて都市の迫害ということは、二つの理由から当を得ていない。第一にはそれはただ資本家と呼ばるる者の企てで、都市に住する大多数の者の、少しでも知ったことでない上に、第二には別に他のある者は自身村に住みながら、この計画に参加しもしくは独立してそれを志していたからである。今日地方金融の急務を叫ぶ者の中には、なお往々にしてこれによって、わが村の生活を苦しめてみようとする注意人物もいるのである。

八　農業保護と農村保護

農村の盛衰は必ずこれを農業の盛衰と、引離して考えてみなければならぬ。農業はいかなる立場から見ても、日本においては決して衰えてはいない。茶や麦類などの一向に産額を増さぬもの、または木綿(もめん)や葉藍(はあい)のごとく、人が不利益として作らなくなったものはいろいろあるが、その代りには他の作物を栽培している。これほどたくさんの新種の農産物が、それぞれ毎年の数量を加えている中に、一方主穀は依然としてほぼ国内の所要を充たし、少しでもこれによって影響を受けず、しかも耕地の総面積は、近時むしろ減少の傾きを示しているのを見れば、独り全国を平均して進境が認められるというだけでなく、個々の農家の技術も土地の生産力も、ますますその効果を発揮しているに違いないのである。それにもかかわらず農村には不安があり、少なくとも衰微の兆候が感じられているというのは、果して農業経済の学問のみによって、簡単に説明し得べき原因であろうか。

農業を保護してそれで農村が栄えるものならば、現代の保護はかなり完備している。米籾の輸入には関税をかけ、それでも安くなる懸念があれば、国で買上げても市価を維持する途がある。その他金融の便宜、倉庫の設備、それよりもさらに有効なる直接の奨励補助のごとき、ほとんど手段の尽し得る限りを試みんとしている。これまでの世話焼は前代にも例なく、また恐らくは外国にも類がない。世間では農業が衰微するからこうして救うのだと考えているらしいが、それは事実に反するのみならず、また救わるべきものが救われてはいないのである。つまりこの方法ばかりでは農村衰退の問題が解決し得ぬことを、ようやくこの頃になって我々が経験したのである。引合うはずの生産が引合わぬ理由、これだけ真面目にまた熱心に働いてみて、それでなお貧乏するという奇怪な原因が誰にも分らぬということは恥辱だが、実際はまるまる見当が付かぬというわけでもなかった。第一に田畠がむやみに不足で、欲しいという者に充分に行渡(ゆきわた)らぬこと、それを別人の資本が別様の目的を以て、抱えておいて作る者に貸そうとすること、その条件が相手の足元を見て、かなり酷(ひど)いものであったこと、それから自分で親代々の持地(もちち)を作る者までが、この資本家の売買相場に真似(まね)て、滅法な評価を付けなければ承知しなかったこと、これらは近年の最も普通かつ顕著なる現象であって、しかもことごとく農業経済学の法則が、関知せざる出来事であったのである。

しかるに多くの農学者たちは、農家を農業者と称し農村を農のみにて立つ村と見ようとした。従って農村以外に、漁村・林村・商村の存在を推論しなければならぬはめに陥ったが、そんなことは到底できない。人が働いて生活するという場合には、壮年の男女のおおよそ全部が、一年三百日くらいは何か仕事をする。そうまで働かずに済むようになることは望ましいが、とにかくにそれが今の世の普通である。しかるにこの巧妙なる労務組織を以てしても、日本の農地にはそれを許すだけの広さがない。広い村なら必ず人も多くいる。だから積極消極必ず何らかの方法を以て、活きるだけの仕事を寄せ集めていたので、たとえ業という名は付けずとも、種々なる家庭生産は皆この一つの目的に統括せらるべきであった。それが大部分は村外の資本事業に取上げられ、いわゆる農業の純化ははなはだしく生存を狭隘にしたのである。純化のためには農は遥かに漁業・商業よりも不適当であった。ゆえに私は再び農村という語を、農業のできる土地、あるいは農業もできる土地、農を足場として静かなる生活の営まれる区域と解して、できるだけ日本の田舎の利害を糾合し、そうしてこの失われんとする平和の恢復を試みてみたいのである。

九　生計と生産

上世農を重んじたまいし御政治が、今日の農業保護と、本質において異なっていたことを考えてみなければならぬ。農はもと民の生を安からしむる、唯一にしてまた十分なる手段であった。農民はすなわち今もこの国初以来の伝統に信頼して、必ずこれによって一家子孫の幸福を保とうとしてはいたが、しかも求むるところは当然に全生計の維持にあったがゆえに必要あるときはその補充を農以外に須つことを意としなかったのである。しかるに都市が消費者として彼らに期待するところは、単に食糧の滞りなき供給であった。これが確保のためにのみ、ただ農村の衰微を気遣うかの観があった。少なくとも二者は村の繁昌（はんじょう）を希望する動機において一致せず、しかも地方の豊作を浪費開始の兆候として歓迎するを見れば、一方商人側の景気観のみが、今日はまだ一世を支配しているのであった。これが古来の重農思想と同じでないことは、詳しい論証の必要もあるまい。もしこのような態度に出発して、農産商品の数量を尺度とするならば、日本の農村は衰微せずという結論に達するかも知れぬ。何となれば人はしばしば生活の苦しきあまり、自己の消費を節してもこれを市場に上（のぼ）せるかも知れぬが、それでもなお穀物の取引は盛んになり得るからである。

　農村盛衰に関する外部の測定は、要するにすこしでも当てにならぬものである。しからば我々は主として何の標準によって、村の衰えつつありや否やを知るべきであろうか。理論としてはこの答は決して面倒でない。村も家もあらゆる生き物と同じように、われとわが力で支えることが、できなくなれば死亡であり、大なり小なりその力の一部が、故障を生ずれば衰微である。ただし複雑なる人世の実際にあてはめてみると、生計の規模はいくらでも伸縮する。どの程度の暮しがこの人には頃合（ころあい）だと、定めておくことがもうできなくなっている。以前は農民が久しい仕来りを守って、おおよそ村限りの通例というものを立て、それを越えたために貧乏する者だけは、自業自得といって恤（あわれ）まなかった。ただしその通例は随分ひどい程度のもので、辛抱のできなかったのはむしろ当然だとも言えるが、とにかくに今日では他人の衣食住にまでは干渉せぬ代りに、いかなる原因で困っても相救うことは常にできなくなった。人が独立して自由に貧乏し得ることは、農村も都市と大して変りがない。従うてこれに対抗する手段のごときも、各自の思い思いということになり、あるいは金を溜めながら悪い暮しを続けている者もあれば、他の一方には眼前に破滅が迫っているのに、なお無理な奢(おご)りを試みる者もあって、いよいよ外部から生活の状態を以て、その盛衰を察知し難くなったのである。しかし大体からいうと、家でも村でもはた国家でも、自分の全力を以て生産した富より、以上のものを消費することはできない。貧窮の徴候はその限度に接近するよりもずっと前から、必ずどこかの隅に現われていなければならぬのである。

一〇　人口に関する粗雑な考え方

最も簡単な村盛衰の目安として、外部の観測者の古くから注意していたのは、人口と戸数との増減であった。旅人は途(みち)で行逢う人馬の多きを見て、直ちに繁昌の土地とその日記に書いた。しかし私たちから言わせると、戸口の多少は常に盛衰の結果であって、決してその前兆ではあり得ない。人は他の小さな動物も同じように、子供を産育てる期間だけは、なるべく前からの居地に留まっていようとする。そこに生活の資料がやや豊なれば、死ぬ者も少なく頼って来る者も多いから、人数の増して来るのは当然な話で、そうでなくとも現在はなお増さんとしている。もしこの一般的増加の時代に際して、まだ人口が減少するような部落であったら、それこそ憂うべき状態はすでに通り越している。農の生産はもちろん衰え、あらゆる荒村の悲惨なる光景は、そこに現われているに相違ない。日本の国内にもごく稀にはその実例はあったが、その事実を見てから救治法を考えるがごとき気楽なことはもとよりできない。

通例はただ増加すべき戸口が、どうも他の村ほどは増加しない。もしくは久しい停止の状態にあることによって、土地の衰兆を卜せんとするのであるが、それが果して適当なる標準で、あるかどうかには疑問がある。少なくとも人口増加率の多少が、絶対に村の幸福の尺度とするに足らぬことは、一戸平均の耕地地積その他いろいろの労働状況の、村によってははなはだしく区々たることを知る者ならば、必ずこれを認めることと思う。別の語でいえば人間があまり多くなり過ぎた、多いによって少しずつ一同が難儀をするという土地よりも、人が足らずに困っているものの方が今ではもう遥かに少ないらしいのである。しかるに世にはいつまでもこの過去の繁栄の結果を慶賀し、人が出て行くことを悲しまんとする感情がある。出て行くという場合には、むろん出やすい者、すなわちよく働きかつ丈夫で、身も心も軽い者が先に出る。そうしてその後影(うしろかげ)はかなり眼に著(つ)くのである。しかしその事実が独り本人のためと言わず、残った村のためにも悲しいことか否かは、翻(ひるがえ)って現在の内輪の状況、住民総数の多少、殊にそれと天然の条件との、釣合を見た上でないと断言し得ない。単にその数字のみを表にして、離村をすなわち村衰微と解することは誤りであり、また多くは心から共同体の幸福を希(こいねが)わんとせぬ者の所業である。

昔は農だけしか仕事らしい仕事がなく、それを離れることは遊民となることを意味したかも知れぬが、今日ではむしろ村の内に、余儀ない遊民を生ぜんとしているのである。人を親兄弟より別れしめまいとすれば、第一には村に今少しの働く機会を設けなければならぬ。それができない以上は、むしろ励ませても出すべきである。次々の章に私が説こうとするごとく、日本は殊に出て働くべき国是の国であった。村の功績の前代に録せられ、なお今後も大(おおい)に期待せられるものは多くの新しい天地を開く人、新しい事業を創始する人を、外に向って供給したことである。親族故旧は泣いて見送ったけれども、なお大小の名士傑物は田舎から出ている。世界に忌憚らるる日本の移民力も、今は拙劣なる指導を受けて、不幸にして本当の価値を示さないけれども、言わばこればかりが我々の余裕、我々の土地の最も見事なる産物である。いたずらに偏した立場から悪い結果のみを悲観して、いまだ安全なる利用方法を講究しなかったのは不当であった。

第三章　文化の中央集権

一　政治家の誤解

新たに現われた農村の衰微感の中には、一、二近代の都市の隆盛が、明(あきら)かにその原因の一つとなって加わっている。そうして単なる隔離と警戒とを以(もっ)て、国人を無智の安堵(あんど)に置くことも、今はもう困難になった。我々は自由なる比較を試みる以前、ぜひとも一遍はこの都市勢力の由(よ)って来たるところを尋ねてみなければならぬ。人は往々にして町の克服という語を用いんとするが、それほどの弱味が村に存するか否かを論ずるよりも、さらに必要なることは町果して何に基いて、そのような地位を認められるに至ったかを考えることである。

けだし明治の新政が、同時に千年の都を東に遷(うつ)したまうこととなったのは、譬(たと)うるに物なき民心の聳動(しょうどう)であった。万人は期せずして首府の威望を高めることを以て、国運展開の第一歩と認むるに至った。必ずしも地方割拠の旧習を掃蕩して、統一国家の実を挙げしめんとする政治上の必要のみでなかったことは、法令制度の特に東京のために、優越の権能を保障したもののなかったのを見てもわかる。殊に市制の行われてから以後は、三府は単に名称の差に過ぎなかったので、他の市にもし元からの活きる力があったならば、どこまででも成長してミラノたりニューヨークたることも不可能ではなかったのである。それが民心の帰向するところ、大切にただこの一箇処を守育てて、五十年も経たぬうちに江戸の荒れた町を、ついに世界の東京にしたのである。つまりは大昔からの都を仰ぎ慕う無邪気なる性情が、さらに革新時代の刺戟を受けて、自然にこの共同の奉仕となって表れたので、今でもまだ満足し難い隅々はあるにもせよ、後世の目から見れば、これだけ壮大なる総国民の事業というものは、他にはちょっと類がないことと信ずる。

　もちろん久しい間何百の大名の支配の下に、分れて対立していたこの数多い島国を、一つに纏めて仲好く栄えんがためには、強力なる中央集権が入用であった。少しは反動的と評してもよい程度に、いわゆる政令の一途に出ずることを、外形においても表示しなければならなかったであろう。例えば東京にばかり高い官憲を集めて、十分なる権能をこれに付与し、地方はその指導を受けにいつも自分の方から動いて来て、中間に立つ者がその命を矯める機会をなくしようとした企てなども、確に世人をして何事も首府でなければと考えしめた力であった。しかしそれがもしただ一つの条件であったならば、大阪も京都もはや今日の盛大を期することを得ないはずである。すなわち大都を中央に一つだけ持っていて、それで生活のできる時代は夙くに過ぎ、国の地形からも、また社会の実情からも処々に適度の集合地を控えていることが、すでに国民生活の必要になっていたので、しかもその集合の方式が当を失すると、自ら創造したもののためにもなお我々は悩まなければならなかったのである。それを行政上の中央集権に手加減さえすれば、すなわち文化の都市偏重が匡正せられるかのごとく信じたのは、まったく首都以外の都市の影響を眼中に置かなかった愚な考えである。

二　都市文芸の専制

今の政治家などは、実は文化の進展と交渉の最も浅い階級と言ってよい。一つの証拠を出してみるならば、学問文章その他一切の技芸のことごとく中央に集注しようとする傾向である。これはわが邦の少しも感心せぬ特徴であって、世界いずれの国にもこんな例は珍らしいと思うが、それがいわゆる施政の術と、直接にも間接にもほとんど説明のできるだけの関係を持たぬことは、何人(なんぴと)も承認する事実である。国が中央の官庁を強力にしたから、天才を都市に牽(ひ)いて来られたという理由はあり得ない。今日の出版事業のごときは、文字通り全国に君臨する姿であるが、その後援どころか統制すらも政府にはできない。しかもこの傾向は前代からの引継(ひきつぎ)で、江戸時代も中期以前までは、良き書物は主として京都から出たようだが、後は需要が東武の方に多くなって版師の技芸は江戸において発達し、ついには手が剰(あま)って無益の書にまで精巧を尽すようになった。すなわち田舎にいて読書を楽しむ者が、都市の著述のあらゆる気儘(きまま)によって、その趣味を支配せらるる淵源は久しいのである。独り印刷複製の術が始まってからだけではない。元来文字を以てする教育というものが、ただ帝都に起りまたそこにのみ維持せられていた。笈(きゅう)を負うて遥々(はるばる)と登って来てかつ久しく滞留しなければ学問をすることができなかったのみならず、それを利用するにもなお都市の居住は必要があった。明治以前にも、学芸すなわち本で教育せられることが偉いと認められ、重く用いられた機会は何度もあった。しかもそれが十数世紀間を一貫して、厳密に都人の独占であったとすれば、いやしくもこの道に足を踏入(ふみい)れた人々が、都市を尊奉してわが周囲を鄙(ひな)とするに至ったのも、またやむを得ざる結果であったと思う。

ただし教育を普及していかなる僻邑の隅にも、文書の恩沢を施そうという時勢になれば、おのずからまた別途の用意の、なくてはならぬことはもとよりである。本来の文字の師は、言わば都市文化の頒布者であった。人は無意識にもその感化を受け、また知りつつもこれを模倣しようとしていた。この際に当って文学に自信あり、ないしは野心ある者が、都を晴れの舞台として、高きに登って号令せんとするのは自然であり、また競うて市井喝采の声を以て、遠国の注意を引付ける必要もあった。村の真率なる歎美心が、かえって自ら軽んずるの気風となった原因はここに存する。学問も技芸も元必ずしも都市と不可分のものでなかったことは、その題目取材の弘い分布を見てもわかる。現にその根源は遥かに町成立よりも古く、全部の我々の祖先がまだ田居した時に始まっているのだが、偶然にこれを異国の花籠に盛って、主として貴人の家を飾ることとなったために、末には雅俗の二流れに分れて、一方は永く都門の文化のみを代表するに至ったのである。これが多くの補充改定を経ないで、そのまま今の世の村と町との調和に、役立つべき道理はなかったけれども、その変化を希望せぬ者が不幸にして、まだ少しばかりは残っているのである。

三　帰化文明の威力

学問芸術の都市に定住し始めたことは、その結果から見て確に悦ばしい現象であった。全国の俊秀はこれがために埋没の苦を免れ、絶えず集まって来て新しい力を以て相続したのみならず、なお内外の刺戟の下に、間断もなく成長をしていた。全体に明るくまた花やかに、かつやや忙わしく動くのが、その近世の大なる特徴であって、間接には国民の気質、処世法を、世界に稀なる軽快さに導いたことも、また必ずしも悔やむべき影響ではなかった。ただ土地の関係上、農以外の職業にある者が、まずその鑑賞者であり得たばかりでなく、これを利用して物を安く造り、よく売るという便宜もまた商工に帰し、従うて彼らの交易上の立場は有利となり資本は自然にその一隅に集積せられて、さらに地方を制御するの力を、加うるに至ったことだけは争われぬのである。

すなわち都市の繁栄はむしろ一つの結果であるのだが、今はかえって元の養い主たる学問芸術を養い、これを引付けてややその自由を制限しているのである。変化窮りなしと見ゆる文芸の傾向が、実はある程度まで予想し得られ、折々は先廻りをしていわゆる人気に投ずることのできるのもその結果であれば、科学は万能と称しつつなおその間にいくつかの階段を設け、最も資本家の活用に適するもののみが、多数の研究者を誘致することになったのもまた同様である。学問の成長発達は、もう以前のごとく自然ではなくなった。人は生計によってその選択を左右せられがちであり、国家はこれを全人類の利益に綜合すべくして、その実判別の任に当る者はいまだ学ばざる俗衆である。教育の中心だけは、少なくともこれを政治の圏外に置くの必要が、段々と顕著になって来るわけである。

その上に都市の学芸には、近世また新たに有力なる一箇の指導者が参加した。かつて大和の朝廷の唐式採用が、皇都をただ高々と仰ぎ望むべきものにしたごとく、世降っては五山僧の熱烈なる学問が、むしろ自ら田夫野人を以て甘んずる者の、讃歎推服を強いるに過ぎなかったと同じく、今の帰化文明はさらに幾倍かの濃厚さを以て、都市人の趣味を刺戟し、かつこれを支援せんとしているのである。一方に保守派のこれと対立して、釣合を取ろうとする力のまだ具わらぬ国では、いわゆる採長補短の国是はかなり厄介なる混乱を生ずるものであるが、如何せん首府と宮廷とはいずれの民族においても、常に外国文化の最も主要なる入口であり、それを敏活に把捉しまた応用して、次々に新しいものへ移り動いて行くことが、我々の都市の特徴であった。今日のごとく国の自信が強く、あらゆる固有思想のことごとく目を覚まそうとする時代に、独り学問文芸が少なくともその外観において、日増しに国民的色調を失わんとしているのも、たとえば浜の松のおのずからその形を改めて行くようなもので、原因はむしろ溯って都市の地位、都市を内外の境に立てて、まず遠来の風潮に折衝せしめんとした人の心に求めなければならぬ。

四　そそのかされる貿易

国際関係の進展がそのたびごとに首都の重要さを増したことは、歴史にもすでにその例がある。規模は小さいが各藩の城下町なども、領外の交通が盛んになって、ようやくその動かぬ力を養った。しかし現代のごとき外国交渉の緊密さは、以前にはその類を見なかったゆえに、新たなる影響には意外なことが多いのである。等しく異種文化の輸入という中にも、出でて採ったものと坐ながらにして受容れたものとの間には、見遁すことのできない差別がある。国際の貿易も元は戦争や移住と同じく、求めある者の側からまず動き、相手はただこれに応じて、できるだけその希望に合致せんとしたのみであった。殊に陸続きなればこそ双方歩み寄るということもあるが、海の国では向うから来るか、こちらから出て行くかの二つに一つである。そうして昔の日本は農民の自給し得る国で、その交易は通例受身であった。遣唐使船の目的は単純に学問と技術であった。それも菅公のような学者の意見によって、中止してしまっても格別困らなかった。足利氏の中期になって、都が貧しく欲しいものが段々に多く、たまに来る唐船を待っているだけでは足らぬので、諸処の海辺から渡海の船を出して、一時盛んに働きかけの貿易を試みた。それがもし順当に進んだなら、末には何でもかでも商業で立たねばならぬ階級が出来て、永く同じ交通を続けたであろうが、少しく内国の事情が好くなると、早くも海上の危難を冒す者が少くなり、再び自分の国の港で、やって来るだけの外人と応接しようという考えに戻ったのは、必ずしも単なる好奇心の欠乏からではなく、当時まだ国民のいずれの部分にも、出でて求めるまでの貿易の必要が認められなかったのである。これに反して海外にはすでに数百年来の宝捜しがあった。黄金島の夢は蒼白く醒めたけれども、無より有を生ずるさまざまの冒険は、なおその末に続いていた。すなわち福音と商長の志とを同じ船に積んで、遠く東洋の岸を訪廻ったのである。我々のいわゆる鎖国政策は、要はただこうして近寄ろうとする他所の船の数を、極度に限定したままでに過ぎなかった。開港はすなわちその単なる解除であった。それが現在の積極貿易に押移ったのは、新たなる変化であり、また第二の力の致すところであった。

都市と農村との互(たがい)に相影響した関係が、この国際の交渉とほぼ同一轍を踏んでいることは、私には少しでも不思議でない。農民はもと各個の盆地に安居して、外に求めざる生活を営む者の名であったが、後に同胞の自ら耕し織らざる者、すなわち都市人がまず大いに動いて、交易を彼らに勧めたのである。しかもその力のなお微にして、産物の余裕がともかくも自他の生存を支え得る限りは、依然として在来の鷹揚(おうよう)さを以て交換の条件を軽視し、外から持込まるるものの価値を吟味せず、容易に新奇の刺戟に乗って選択に細心でないことは、原始生活者の常の癖であった。また受身の貿易者の弱点でもあった。それが久しからずして趣味を複雑にし、漸次(ぜんじ)に経済の組織を変化させることになると、一方には生産力の改良も起るが、同時にまた商人勢力の増進ともなって、自ら大小の市場を創造しつつ、甘んじてその統制に服せんとするに至るのである。都市が外国の文化を背景として、日に月にその威望を高めて行く状勢は、主としてこの第一期の受動貿易から、次の能動期に移ろうとする際に現われるので、さらに今一級の階段を踏越えさえすれば、以前の無差別な輸入歓迎はもうなくなり、この仲介機関の任務は、国民の利益のために再び整理せらるるはずである。

五　中央市場の承認

過渡時代という語はもう我々も使い飽きている。そんな名義の下に一生を送ることは、誰しも感心せぬことには相違ないが、何にもせよ明治以後の経済界が伝統ある千年来の農国本意識と、貿易拡張を目途とする商工立国論との抵触によって、累わされていたことだけは事実である。いわゆる八方美人の政治家は苦しがって、新たに産業立国ということを言い出したが、この文字には内容はあり得ない。産業を以て国を立てざる国民は西洋ではモナコ、東方においては近頃滅びたチドル・タルナテ、またはゴア等の海賊王国の他にはない。その他はことごとく土地の生産を基礎として、できる限りの商工業務を以て、生活を充実しかつ繁栄せしむるの必要に迫られているのである。それを一方の徹底のために、他方を抑制するの必要があるかのごとく、論ずるに至って始めて矛盾が起る。そうしてその分界はまだ明瞭になっていなかったのである。

農民が何よりも先に知らなければならぬことは、我々の国土と生存の欲求とが、夙くの昔に農ばかりでは維持し得ぬ境涯まで進んでいることと、今日大小の市場がまったくその欠陥の補塡のために、設けられたものだという事実である。村に市場があり市日が定められ、わずかの旅人が周囲の小生産者の中に交って、彼らの消費残りの品々を取換えた時代と、都市の市場とは漢字に書くから同じだが、目的はまったく別で、一は他の成人したものではなかった。以前のアキビトは秋の収穫の日に、余穀を乞集めに来たからの名称かも知らぬが、今日の商業は生産を註文しないしは計画し指導するの職業であって、そうして市場は現実に彼らの掲示場である。その上に商人は一方にさらに親密なる朋友を別種の生産者にもっている。工と商とは現在はほとんど皆相隣りして都市に住み、同じ大資本の流れに掬むのみならず、その職務はしばしば互に兼ねられ、また往々にして一方の事業の一部として、他の一方を行わねばならぬ場合がある。この提携の容易と規模変更の自由とにおいて、また生産種類の選定において、農は到底工と肩を比べることができず、そのためにかつては兄弟の関係にあったものも、追々に別れて対立の姿になろうとしているのである。

　科学が都市に成長してかつ最初に工業に援助したことはすでに述べた。国の海外に対する商業のいよいよ積極化せんとするに臨み、伴侶をこの方面に求めるのは自然である。中央市場がこの進み求むる意思の表現であるとすれば、農業がそこにやや見すぼらしき、従たる地位を付与せらるるのもやむを得ない。すなわち経済上の中央集権は、まず国民総体の生活上の必要から、まず大市場承認の形式を以て、恩恵を都市に偏せしめざるを得なかったのである。政治の衡平と二種文化の調和とが、いかにしてこの制度を全般の幸福に利用し得べきかは、また別に討究せらるべき問題であって、単にわずかしかない農村の商業分子に声援して、雄を中央の市場に争わせようとするなどは、それ自身無益な試みであっただけでなく、なお人をして振興は他に途なきかのごとく、誤断せしめる危険さえあるのである。

六　無用の穀価統一

日本が始めて西洋の諸国と、対等の通商条約を結んだ頃には、世論はむしろ農産物輸出の、あまりに盛大ならんことを気遣い懼れていた。それは飢饉の経験がまだ新しく、いわゆる金銀珠玉は炊いで飯と為すべからずの幼稚なる貴穀思想からではあったが、実際またこれだけ開けている一国において、農業によって貿易をしてみようという考は無理でもあった。土地の産物を以て外来の製造品を買得る国は、人手の少ない植民地と極まっている。そうでなければ貧乏な国の、一時凌ぎの手段とより他は考えられぬ。支那や印度があの大人口を以て、なお農産を輸出しているということは、少しも羨しい先例ではない。食うや食わずの食物の一部を売って、それでも仲立商(なかだち)だけは儲(もう)けているという土地は、日本の中にもあるにはある。ただ何のために貿易をするのかが、よほど疑わしくなって来るだけである。

我々は亜米利加(アメリカ)や東欧羅巴(ヨーロッパ)の大農場地のように、売るための農業を企てたことは一度もない。最初からあるだけの土地を欲しい者に割振って、それぞれ有付(ありつ)かせることが農作の本意であった。ただ年貢を徴収する人のみが少しずつ余分を売って、かの商工のために地をなしたのである。それが農業国の名に絆(ほだ)されて、これで貿易しようとしたのは苦しいことであったが、結局内外の生産費の差は著しくなって、永く農産物の輸出を続けることができなかったのである。いくら大切なる穀物であろうとも、国際商品でなくなればこれを中央の市場に統一する必要はない。ましてや国の隅々にわたって、どこでも作りどこでも消費し、足らぬ土地と剰(あま)る土地とが、互に入交(いりまじ)っている品物である。単なる運送費の節約から言っても、できる限りその移動を限局する必要はある。個々の生産地の盛衰栄枯、または年々の富の状況によって、事実市場に出現する数量の大なる異動を想像し得べきにかかわらず、これをしも塩・砂糖のごとき工産品と同視し、漠然たる総産額の予測に基いて、官府の手を以てその売買を調節せんと企(くわだ)つるごときは、笑うに勝えたる算術の遊戯であり、また農民の側から見れば、不必要かつ過度なる中央市場の承認であった。

果して何物の力がこの巨大なる管理権を中央に委付せしめたかということは、その原因があまり錯雑なるために、今はまだ明確にこれを説示し得る者がない。当初食物の供給手段のまだ周密ならざりし時代には、都市をして餓えしめないことは政治家の一つの技倆であった。近年の米騒動においても実験し得たごとく、輸送の途は一方に具わったけれども、他方には大資本の買占力もまた増加し、些少の欠乏がなお驚くべき市価の昂騰を以て、消費者を威嚇すべき不安は去らぬのであった。いわゆる平準政策の須要は主としてこの理由から認められたのであるが、それはただ各個の都市の事務であって、もとよりこれを以て全国の生産者を牽制するに足らぬのであった。いわんや他の半面に、都市の供給過剰を処理すべき方法を以て、弘く一般生産者の生産過多を救解せんとすれば、いつの年にも倉庫は陳米を以て充溢れ、むしろ折々の凶歉を待望する結果となろうも知れぬ。一方に穀物増産のあらゆる手段を講じつつ、他方その結果に過ぎざる市価の低落を防止することが、すでに不可能なる計画である上に、普通釣上げの恩恵は個々の生産者には間に合わず、単に取引所内の影響を複雑にして、投機の妙味を深めるに止まったのを見ると、少なくともこれは農村にとって無用の干渉であり、そうしてまた中央政治の権能の不当なる濫用（らんよう）であった。

七　資本力の間接の圧迫

無用の統一はすでに若干の悪い結果を現わしている。農業のごとく土地土地の状況に拘束せられる生産はないが、努めてこれを各自の自然に調節せしめようとしても、なお外界の圧迫に苦しまずにはいられなかったことは、諸旧国の久しく経験したところであった。しかるにこれを都市の市場と、一、二著名なる産地との観察に基いて、中央有力者の手は概括的に指導せんとするのである。保護をただ一つの解決策のごとく信ずる者が、かえって国内においては多くの想像し得べき不均衡を無視しようとしているのは、これをもし直（ただち）に資本の災害と言う能（あた）わずとするも、少なくとも統計数字の眩惑（げんわく）である。

我々の農村の生産物は、今でもまだ種類だけはたくさんにあるが、その中（うち）いくつかのいわゆる目ぼしき商品、すなわち市場の干渉を受くる物を除けば、他はことごとく地方の相場によって、自由にその評価を変動している。居住者の生計費がこれと調和を取って、日用の資料を選択配合し、最も土地に適した生活を続けて行くことが、広い意味の自給経済であった。こうして村限りの物価の区々であったことは、いまだかつて一国全体の安寧に、迷惑を及ぼしたことはないのである。それを少しでも数量が纏まり、貯蔵運搬の見込あるものは、片端から取上げて想像上の商品にしようとするゆえに、いきおい地方消費者の経済は掣肘せられざるを得ないのである。米に関しては殊に一種の迷信のごときものがあって、往々その自由なる利用を抑制し、単なる管理を以て何か特別の威力でもあるかのごとく解する傾向は以前からあった。それが新たに中央市場の背景の下に、米を抱えた者の要求がいくらでも支持せられるとすれば、少くとも将来村の農業の分化、養蚕その他の米を作らぬ特殊生産が入交って栄えることだけは望み難く、いわんや非農業者の村に住む意味はなくなって、追々都市人の利害に加担してしまうことは確かである。

穀価統一の最も大なる圧迫を受ける者が、限地的凶作の地方であることは認められている。国の総生産はまさしく豊年で、処々の一小部分のみが悪かった場合に、ある程度までは周囲が共同して高く買うなり消費を節するなり、とにかくその不幸を和げてくれることは、むしろ割拠時代の恩恵であった。交通が至便になって不作の惨害はかえって痛烈になりやすく、そうして南北に細長い日本の地形では、天災は多くは限地的である。

しかしこうした不時の原因だけなれば、まだ救解の方法も立つが、これとは反対に特別の好条件、例えば地積・地力のなお豊かで、生産の容易な安くとも引合う土地が、一躍して一般の中央相場の恩恵を受尽した場合の損失は戻らない。関東・東北にはこの種の村は多かった。それが徐々に世の中の開発と共に、少しずつ平均の利益を味わって行くということが、農村興隆のただ一つの姿であった。そうして進む間に次の代のより良き生活が築かれるのである。汽車が山奥に達してたちまち木材・薪炭が企業化したごとく、用意もないところに土地の利益が急増すれば、それが地主に帰属して、石を淵(ふち)に投じた形になるは知れている。直接の耕作者も一度は喜んだろうと思うが、今ではその痕跡すら残っていない。無意味な劃一(かくいつ)主義のためにせっかくの好機会を通り過ぎたことは、恐らく農村の後継者にとって、いつまでも悔恨の種であろうと思うが、不幸にして現在はまだ根気よくその原因を繰返しているのである。

八　経済自治の不振

いかにも耳馴(みみな)れない言葉ではあるが、いわゆる農業の商業化はもう確かに必要になっている。多くの農家では以前に比べて、仕事の種類はずっと少くなり、生計の必要は大いに増して来た。換価ということを考えずに、今までの勤勉を続けていることはむつかしくなった。その上に彼らの子弟は追々に都市に入って、消費者の群を大きくしているのである。もし農村人が自ら商業化を企てなかったら、代ってこれを行おうとする者の、外に控えていることもまた疑がない。米穀法のごときはまさしくその一例であって、あまりにいつまでも村の当事者が考えてみないゆえに、周囲が気を揉んでこういうものを案出した形である。その本意は恐らく田舎に対する親切でもあろうが、しかし親切は必ずしも名案の証拠にならぬことは、段々に心付くことが多くなったのである。

第一に商業化は、決して中央大市場に対する服従を意味せず、また大量の取扱を必要としない。船に積んでも倉庫に置いても、米などはそうたくさんに、一つ処に集められるものではない。どこに行っても人が作り、人が食べていることは皆同じで、珍しくも何ともない物である。それをぜひとも相応量だけ取揃え、また幾分の後荷を用意しておくことは、やや大きな都市・鉱山・工業地とその配給に参与する商人だけの必要である。ここに来ると再び内外貿易の差別を説かなければならぬが、遠くへ売ればこそ銘柄を定め見本に合せ、それから一度に多額の取引をするだけの支度を要するけれども、我々の間ではすぐにまたこれを日々の小売に付しているのである。販路から見ても生産の方法から考えても、大きく取纏(とりまと)める利益は少しもなく、事実またそんなことは可能でない。それを始終大袈裟(おおげさ)な数字によって、商人だけはその職務を円滑にしようとしていたので、そんな掛声に煙(けむ)に巻かれることは、もちろん商業化でも何でもないのである。

　これは簡単に都市勢力の浸潤であり、また経済自治の解体である。この意味においてならば、商業はすでに農村を統御しかかっているのだが、そのために農が末々引合う業務に、立戻り得る希望はいたって乏しい。結局問題は何人(なんぴと)のために、誰が商業化を企てるかということに帰するので、現在のところでは形のみは都市のためでも、その実は商人の業務を農村に自由に行わせているというに過ぎない。日本の養蚕などは技術の進歩において、いかなる精巧の工業とでも肩を並べることのできるもので、しかもその功績は全部純粋の農村人に属し、彼らの将来にとっては非常に心強い希望の種であるが、これを大量の取引に引渡すに際しては、もう指導の権能を外部の者に認め、自身は単なる前列の闘士を以て甘んじているのである。肥料なども最近の三十年間に、確かにその配給の形式を商業化したが、これを管理する者はまた農民ではなく、彼らはただ与えられたる条件の下に、できるだけ各個の利益を講ずべく苦慮するのみである。かくして衰退の感の日に加わるのは、必ずしも中央集権制のせいではない。私の見るところを以てすれば、農民はいまだ自ら教育するの道を知らぬのである。

九　地方交通を犠牲とした

人は利害の相抵触する境遇に置かれると、兄弟でもなお争わなければならぬ。だから平和の第一義は、できるだけ共同の利害を明かにするにあるのだが、都市は最初から種々なる計画を地方から持寄って、限(かぎり)ある機会を捉えんとする者の群である。いわゆる抜駆(ぬけがけ)の功名を志すべき土地である。代表の得にくく個人の意思の表れやすいのも是非がない。これに比べると田舎だけは、何と言ってもまだ元の交通の道敷(みちしき)が遺(のこ)っている。少なくとも人は互の生活の必要を知っている。それを新しい結合に利用することを試みる以前に、直ちに経済の努力を中央の市場に向けさせたのは、とにかくに不用心なことであった。

都市が膨脹すると共に、消費者の不安の大きくなるのは当然である。これを何とかして免れようとすれば、いきおいやや気儘(きまま)なる註文が村に向って発せられる。近年のいわゆる換価作物の傾向を見るに、一方には工業原料のできるだけ粗なるもの、すなわち多くの加工利得を都市に収め得るものが指定せられ、他の一方には果実・花卉(かき)のごとく純然たる都市の消費に供するものが増大する。土地の利用法は自由になったというが、その実著しく指導せられているのである。そうして農民をして欣（よろこ）んでこれらの供給に任ぜしめるために、代りに都市の方から運び込む代物（しろもの）には、昔の白人の蕃地（ばんち）貿易と同様に、新たに嗜好（しこう）と欲望とを誘発する類のものが多かったのである。奢（おごり）はわが心の病ではないまでも、少なくとも社会組織の一つの瘡痂（かさぶた）であった。

　しかも日本の今日までの交通は、本来都市の発意と資本の力とを借りたゆえに、ちょうどまたこの傾向に沿うて発達している。いわゆる鉄道網の驚くべき計画は、結局二、三の中央市場に向って、輻射線（ふくしゃせん）式に進められたので、この頃ようやく地方連絡の声が高くはなったが、それとても一方の端では、ただ東京への近路（ちかみち）として珍重している。この特徴多き島国の地形に対しそれが大なる地方関係の紛乱となり、従うて町村の盛衰を烈（はげ）しくしたことは、実例は数え切れぬほどである。それを単に自然の成行（なりゆき）として諦めてしまうことのできぬのは、山脈を隔てた二つの渓（たに）を繋（つな）いでいる道路の、切れて二つの袋となったことがその一である。嶺（みね）の両側は必ず風土を異にし、いずれか一方からは海の産物をも入れることができる。有無相通ずるに適したる隣であった。それで鉄道が山を貫く場合には、数多き峠路の一つだけを採用して、その他はことごとく無類の僻村（へきそん）と化し去った。次には海岸線のいくらともない彎曲（わんきょく）に、それぞれ成長していた村や小さな港町が、背後を汽車に通られて船の運送が成立たなくなったことである。どういう理窟でかこの細長い島国において、水上の往来が地を走るものに乗取られている。そうしていずれの方角からも皆中央に急いで、今では隣県同士がかえって首府に紹介せられており、貨物は無益の統一と再配給とのために、限りある石炭を焚（た）いてしまおうとしている。これなどは明白に商業組織の欠点で、国の制度の中央集権が与（あずか）り知るところではないのである。

一〇　小都市の屈従摸倣

大都市繁栄の結果がある種の農村の不利となりまた衰兆となった事実は、こういう方面からはこれを認めなければならぬが、幸いなことには現在は単に傾向というばかりで、何人（なんぴと）もこの片重（かたおも）りの交通発達を以て完成と信じてはいないのである。まだまだ匡正（きょうせい）補充の道はいくらもある。ただ永代の後悔を遺さざらんがためには、まず必要がいずれの点にあるかを、丁寧に考えておかなければならぬというまでである。例えば近年のわずかな実験によって、都市を害悪なりと攻撃するがごときは、詩人式速断とも名（なつ）くべきものである。国内人口の今日の状況においては、よく整頓した都市ならばもっとたくさんあってもよい。否進んで農村人の手を以てさらにその建設を企てなければならぬかも知れぬ。都市の戒むべきは単にその悪い癖、もしくは不完全なる利用法であって、毒と皿、坊主と袈裟とはまったく別箇の物である。

　元来都市というものの範囲は、実はまだ明瞭には定義せられていないが、もし農村と呼んで承知せぬものの全部が都市だとすれば、その中にはいくつかの種類と階段を認めなければならぬ。最初に我々の心付くことは、都市の成長に著しい遅速の差があることで、大体から言えばごく少数の、最も大きなものだけが特に成長している。中以下の都市には全然成長の停止したもの、あるいはいずれの点から見ても、萎縮としか考えられぬものさえ多く見受けられ、たまたま反対に繁栄の姿あるものは、必ず簡単なる直接の理由があり、かつ容易に推測し得べき繁栄の限度がある。これが恐らくは世人をして、一方にはいよいよ大都市尊重の念慮を深からしめ、さらに他の一方には政治上の集権主義に、一切の責任を帰せしめたる原因であろうが、もとよりそのような計画なり期待なりが、何人の胸にも描かれていたはずはないのである。

　しからばこれもまた研究を要する一個の意外である。問題は農村衰微のごとく高く唱えられず、あるいは個々偶発の現象とし、自然の成行(なりゆき)やむを得ぬものとして、自他ともに軽くこれを看過(みすご)そうとしてはいるが、町では住民の立退(たちの)きが敏速なだけに、悲運は村よりも痛切であり、かつ自力を以て恢復(かいふく)の機会を捉えにくい。しかもその衰微の影響が、いまだかつて周囲の村落の幸福となった例を知らず、またその現在の不安動揺には、いくつかの町村共通の事情のあるを見れば、利害はこの点においてはむしろよく一致していたのである。いたずらに都市という漠然たる名称に拘泥(こうでい)して、川向うの火事を見るような態度を持していることはできない。

　都市の盛衰は、もちろん人口の多少のみを尺度としてこれを測ってはならぬ。新たに住民が増して来るくらいならば、何か誘因があり前途の見込があるものと、判断するのが今日の常識ではあるが、同じ人数でも町の力になる者が去り、代って町の力を頼らんとする者が入るならば、わずかな間にも面目は一変する。都市の事業の久しく起らず、何一つとして時代の文化を映発(えいはつ)すべき施設の、土地と結び付けて記憶せらるるものを持たぬ例が多いのは、主としてこの目に見えぬ変化に基いている。この傾向は調べてみればすぐに判るが、独り旧家の沈淪(ちんりん)するのみでなく、町に住する古くからの職人たちは、迂遠(うえん)なる点では時として農民にも超えていた。彼らが世に合わずして業を廃し外に向うと、決してその後継者は現れず、それだけずつ町の生産は減じて、ついには今日のような純然たる消費の都市、村から来る者を獲物視する態度において、かえって中央の大都よりもさらに深酷なる都会が出来上るのである。

外国の事例は必ずしも参考にはならぬが、都市興隆の最初の動機は、大抵は競争であり近き都市との張合いであった。いわゆる自意識はこれによって目覚め、やがて一つの生活体とまでなったのである。日本では地方を相闘わせて中央の勢力を安固にせんとするけちな政略は折々行われたが、二流以下の都市に至っては、一度も対立の勢いを示したことがない。もちろん皇都に対する景慕の情が、ただ意味もなく転回したものと解することはできるが、末には人口や面積の外形によって、あまりにも容易に他の大都市の優越を認め、独り下風に立つことを甘んずるのみにあらず、機会あるごとに中央の勢力を嚮導し、自身もまたその背景によって、志を個々の小地方に行おうと試みたのである。その結果がしばしば笑止なる摸倣となって、一層文化の単調を堪え難くしたことは、水色ペンキ塗りの小建物一つを見てもわかる。かくのごとくにして独自の生活法は消え、土地それぞれの特色はなくなり、残るはただ農を疎んずる気風のみとなった。町が自らこの弱点に心付いて、新たに進むべき路を見出すには、あまりにその出入があわただしい。希望はただ将来町の住民となるべき農村人の、あらかじめこの傾向に注意するか否かに係っている。彼らさえなお為す無しとすれば、日本人はついに都市を育てるの能なしとの批評を、免れる見込はないわけである。

第四章　町風・田舎風

一　町風の農村観察

都市の眼で見た農村の記録のみが、年久しい文学として我々の間には伝わっている。これに対してはぜひとも別種の系統を辿って、さらに今一つの物の観方を考えてみなければ、実は新しい文化の採択にも差支えるわけであるが、その方法が今まで具わっていなかった。村に町風の入って来ることを、愁い気遣うという人は今でも確にいる。しかしその防衛の手段はただ遮断であり、無智の隔離を以て固有の状態を保持しようと努めながら、言う者自身の心は夙に都市の学問に染まっていた。その上に変化を喜ばぬという動機が、必ずしも常に純一ではなかったのである。乱雑なる現代の生活技術が、あたかも禁苑の樹果のごとく、いつでも無条件の好奇心を以て迎えられ、これを批判し取捨するの念慮を打棄て、ひたすらに救いを他力に待とうとする気風を養ったのも、責任はむしろそれを戒めていた人たちの、方法の拙さにあったようである。

それでまず最初には町風の農村観察が、果してどれほどまでの根拠を歴史の上に持つかということを、改めて村人の立場から考えてみる必要があるのだが、格別それは面倒な仕事でも何でもない。二つのまったく方向を異にする考え方が、今でもまだ都市の住民の田舎に対する態度を支配している。そうしてその矛盾を両存させるために、幾分か無理な輿論が行われようとしている。その一つは村の生活の安らかさ、清さ楽しさに向っての讃歎であり、他の一つはすなわちその辛苦と窮乏また寂寞無聊に対する思いやりである。もしこの二つの状態に誇張がないならば、同時に存在し得る道理はあり得ないのであるが、人世は本来苦と楽との交錯であり、通例現実においては苦の色が濃く映ずるゆえに、誰しも他の一方を遠い方に押上げて、いわゆるうし〔憂〕と見し世を恋しがるようになるのである。農村衰微の声の耳を傾けられやすかった一つの原因はここにもある。しかも都市の人々がなお自分たちのために、できるだけ明るく美しい田舎を、描いてみようとしていたことは事実であって、それにもまた相当の理由があるものと私は思う。

私はこれを手短に、帰去来情緒と名づけようとしている。言いかえるならば村を出て来た者の初期の町住居の心細さが、こういう形をとって永く伝わったものと考えるのである。もっともいつの世になっても、田から米を得、裏の林から薪を運ぶ境涯を、羨しく思うことは常の情であろうが、近代の都市には殊に新米の住民が多く、広い周囲と自由な休憩、努力と昂奮との個人的に調和する以前の生活を思い出さずにはおられぬ者が、いずれの階級にも働いていた。山水花木、四時の風光のごときは、言わば彼らにとっては詠歎の目標というに止まり、天然の愉快は主としてその豊富に根ざしている。すなわちまた生存の資源から、次第に遠ざかって行くという非農民の不安が特に、彼らの故郷を忘れ難いものにするのであって、さまざま解説をかえて今の世まで、なお行われている保養の旅、あるいは遊山だ別荘だという類の奢りも、その起源は皆食物の所在に拠ろうとした、動物共通の本能の現われに他ならぬ。人間にはむしろ感情の曲折が多かったために、また簡単にはこれを社会組織の改造に、利用することができなかっただけである。

二　田園都市と郊外生活

いわゆる田園都市の運動は、この意味において確に新しい興味があった。近世の都市には街の並木、その他公園・公庭の緑の供給はすでに豊であったが、なお各家に細小の面積を私営して、そこに何らかの生物を産してみなければ、慰められないという者が多くあった。ところが高楼を建て城壁の中に籠り住む者に、そのような余地が与えられようはずはない。そこで優しい理想をもった人たちが発起して、新たに空閑の野について、広々とした小都市を建設してみようとしたのである。個々の住民がおのおの平家を給せられ、その周囲に少しずつの庭園を持つことができれば、もちろんその理想は遂げられたのであるが、それは資本の問題でありまた職業の問題であって、旧国においてはそのような機会ははなはだ得にくかった。土地が十分に廉価でなければ、住宅の経費が支えられず、そういう地方に突如として出現する一都市を、維持するだけの事業は見付からない。結局は慈善の寄付金、もしくは多分の公費を割いて、わずかに希望者の片端を満足させるのみで、その他は依然として野外の散歩ぐらいを以て、我慢をするの他はないのであった。しかしその間接の影響としては、段々に密集生活が忌み疎まれ、都市の人口ばかりの成長を以て、繁華の誇りとする気風は衰えた。欧羅巴諸国の大都市の郊外に、市民専用の圃場を設けられたこともまた一つの副産物であった。汽車が到着せんとしてちょうど合図の汽笛を鳴らす頃、左右の空地を見れば皆この畠で、それを二畝一畝の狭い区劃に切って、思い思いの花や野菜を栽えている。小さな蒲鉾小屋同然のものが、いくらともなくその間に建ててあるのは、道具を置いたり休んだりするところらしく、すなわち市民をして折々ここに来て農事の真似事をさせるために、市外にこのような奇抜な設備をすることが、近年これらの大都会の一般の流行になって来たのである。がこればかりではもちろん全体の希望を充たしそうにも思われない。

こういう計画が西洋に始まったのは、今から三、四十年も前のことらしいが、日本はちょうどその頃から、都市のあるものが大きくなって、農産物の直接供給は追々に断念せられるに至った。以前の多くの城下町の四周には田畠があり、準市民とも名づくべき一種の農夫はこれを耕し、毎日自分で産物を市内へ運び込むことが、普通の習慣になっていた。やや小さき町ではわざと屋敷地割を細長くして、背戸の一区劃には自家用の菜や瓜を作っていた。これを前栽畠と称してその経営を家事の一部としていることは、農村以来の生活そのままであった。もしくは町であるゆえに特に欠くべからざるものになっていた。いわゆる士族屋敷に至っては元から土地の供給も広く、下男は必ず村から来た者で、屋敷で畠を作るなどは当然のことだと思っていた。江戸の真中にまだ畠があるといって、人が驚いたのは驚く方がかえっておかしかった。新しい移住者だけが農を忘れて後に、町の中へは遣って来たのである。そうして瞬くうちに新式の借家を建て連ねて、もう擂鉢の欠けたのに蕃椒を植えて、眺めているだけの余裕もなくなった。都市と農作とは完全に絶縁して、しかも人は漠然と食物の所在を物色しているのである。市場の圧力が市の内外に対して、緊密ならざるを得ぬ所以であり、空気・日光以外に田舎の懐かしさが、人を誘わんとするにも理由がある。

いわゆる郊外の発展が日本の都市の、新たなる一つの特徴となったことは、単なる人口増加の現象ではないのである。あるいはこれをしも一種の田園都市と見る者はあろうが、もとより統一ある運動の成果ではなかったゆえに、都市の生活法と市場組織とが、どこまで出てみてもその拘束を緩めない。村を都市化もせず、いわんや市に農村味を附加するの力はなく、油と水と共に湛えて、ただ土地所有者の私経済を法外に煩雑ならしめたに過ぎなかった観がある。しかも我々の問題の未来の解決に対しては、都市を愛しつつしかもその弱点を認め、村に接近して特に囚われない判断を下し得る人々の、同情ある考慮は何物よりも有益であった。

三　生活様式の分立

多くの農村が今の郊外の自称田園都市のように、相応なる資本と智能、穏健なる常識と新しい文化の理解力とを具えた者を、招いて共に住むことを以て理想とし、また希望とすることのできないのは何ゆえであろうか。山奥、海の辺の佳麗なる風景の中に、何にも知らずに耕していた人々が、例えばいくつかの別荘の建設を以て、新たに土地の形勝が裏書せられるや、かえって動揺を感じて住み終せ難いような心を生ずるのは、どこに最も大なる原因が潜んでいるのであろうか。同じ経験はしばしば二種の民族が、一つの平野に並び住む場合にも繰返された。必ずしも一方の強圧、不当なる生殖の妨害があるでもなく、また不合理なる生活摸倣によって、固有の立場を失墜したためでもなくして、いかにも悲しむべき平和の間に、漸次に目立たずに一方が退却して、はなはだしきは萎微再び起たざる状態に陥った場合もあった。それがもし血を同じくする統一国家の臣民同士、文化はすでに共通のものがあることを、自他等しく信ずる者の間にもまた行わるとすれば、単なる一時の気紛れのごとき、気軽なる我々の田園生活についても、なお心深くその効果を視察してみなければならぬ。

　いたって無省察にまた不精確に、文化という一語が今日は使用せられている。白くて破れやすき障子紙が文化美濃紙、毛のむくむくして働く者にはとても纏えない、真赤な腰巻が文化腰巻なれば、文化住宅はすなわち軒浅く柱細く、縁側を取去って、畳に坐して窓から顔だけを出すという類の、可憐の小屋を意味することになって、都人はむしろこれらの名を以て喚ばるることを恥ずるかの面持さえあった。これはあるいは極端の例であるにしても、全体において十分なる異国意匠の踏襲にもあらず、また長期の実験に基いた綜合でもなくして、単なる少数者の思い付を、流行として早く世に布かんとするもの、別の語で言うならば農村の旧習に縛られがちな人々が、容易に手を出そうとせぬものばかりを、一括して固有の生活技術と対立させようとするならば、これを文化ということの当否は知らず、少なくともこの数千年来の単一民族の間においても、現在は確に二箇以上のいまだ調和せざる生活様式は併存している。

同じ農村の中でも平場と岡沿い、奥在所と街道筋、いわゆる田処と桑処などは、生活様式がすでにはなはだしく区々である。嫁聟の遣取にさえも故障がある。ましてや町風が村の土になじみ難いのは当然のことで、それが無意識の統一に進もうとすれば、まず動揺と混乱との若干の犠牲を忍ぶ者を想像しなければならぬ。しかも新様式の浸潤は必ずしも、いわゆる田園都市の運動を以て始まったのではないのである。村で互に知り相理解するの交際は、当初生活と作業との均一に始まり、後ようやく富力の等差を見るに至っても、なお一定の拘束を群の規準から逸出せんとする者に与えていた。現代はこれに反して、村に有力者の地位を占めんとする者は、必ずある程度の都市心を具うることを要し、それが往々にして都市に住む田舎者を凌駕（りょうが）すると共に、他の一方には追々に家族の総員を動かそうとしているのである。二つの趣味、二つの生活様式が、今では大抵の土地に並び行われている。その間の交渉がさらに他所者の往来よりも繁（しげ）しとすれば、誰か知らん、かつて別荘・新住宅の目に立つ感化として訴えられたものが、夙（つと）に人知れず平和の侵略を村々に試みて、この古風の農民に無名の不安を与えつつあることを。

四　民族信仰と政治勢力

農を軽んずるの気風は、むしろ一種都市式の同情を以て始まっている。東西古今の永い歴史にわたって、百姓ほどよく憫（あわれ）まれた者は、他にはないのであるが、それが必ずしも次の代の憐憫（れんびん）を無用にする手段でなかったことは、村人こそまずよくこれを知っている。しかも彼らにはなお現状を自然と解して、進んで新たなる力作に就（つ）くだけの楽観性を具えていたのであるが、記憶の良い傍観者たちは、いつでも近寄って来て善政の旧記録を彼らのために読もうとしていたのである。それは恐らくは一般の帰服、不断の信頼を容易にする途（みち）であったろうと思うが、彼らをして自ら為（な）す有らしめんがためには、それはわずかなる激励ですらもあり得なかったのである。農村衰微の感には、実はこの暗示に起因するものが少しとせぬ。我々の教育は何よりも先に、この根原の誤解を点検することによって、都市の同胞をして新たなる農村概念を養わしめ、少なくともありふれたる今までの辞令によって、交易を持続し供給を確保せんとする企てを変更せしめなければならぬ。

昔は確に農村の雌伏すべき事情が、今よりも遥か多かったのである。著しい一つの例を挙げるならば、中央集権が土地の利用に干与した時代があった。実際の耕作人はことごとく田舎に住するにもかかわらず、官符を得た者でなければ領主となることのできぬ定めで、京から赴任して来た歴代国司の一党のみが、広い私田を控え込む便宜を持っていた。後には彼らもまた地方人となって、領家の利益を抑留したけれども、なお久しい間名義を中央に求め、訴訟の裁決を京鎌倉に仰がなければならなかった。武家が全国の地頭を支配するようになっても、まだ月卿雲客を婿に取るべからずという式制を立てて、互の利用と結托とを防ぐ必要があった。これにはもちろん名聞も大いに手伝ってはいたが、地方の住民としては、家の格を高くして、附近に勢力を張るためには、ちょうど近頃の出世縁組とは正反対に、娘に貴人の聟を取って、家に住ませることがただ一つの手段であったらしい。官位というものが今よりも遥かに有力に物を言っている。中央の威令が遠く及ばなくなって後も、栄彰の権のみは儼乎として朝家に専属し、いくら強くても武士は鄙人、京都に縁をもたぬ者はことごとくゲスであった。割拠に傾きがちな中世の社会を、わずかにこの秩序を以て統括して来たのだから、悔むところは少しもないようなものの、あらゆる生活の理想を目にも見ぬ都に集注し、美しい娘を持つ親々が率先して、久しく一つの夢を見続けていたことは、田舎にとっては堪難く淋しいことであった。

だから現世に望を絶つような後生安処の教が時を得て、歎くか諦めるかの文学が弘く行われたのであった。中古の物語を見ても、長者は草深き田舎に富み盛えつつ、花やかなるものはすべて海道を下りに、都の方から降りて来たことにきまっている。血族国民の大切なる一つの特徴として、これには恐らくは無始以来の信仰上の原因があり、土地の制度や尊卑の差等などは、むしろその結果とも考えられるが、後れて田舎に入交って住む者が、いつまでもその由緒と背景とを頼みにして、土地に親しみ安らかな月日を送ることを、埋没の生活と感ずる気風がもしなかったら、京都の文芸もかくまでの強い影響を与えなかったろうと思う。能のある者がその能を利用し得ず、武士はただ武勇強猛の一点においてのみ、後世の語り草を残したということは、言わば歴史の偶然とも名づくべきもので、決して田舎風の唯一の進路ではなかったのである。

五　自分の力に心付かぬ風

越前敦賀の大地主の聟、俗に利仁将軍と呼ばれた田舎武士が、五位の官人を都から連還って、薯粥を食わせたという豪放な逸話は、いわゆる今は昔の物語となって、早くから世に知られていた。村の生活が哀れだから憫まれ、村の労務が賤しいから軽んぜられたという説は、もちろん今日よりも昔の方が遥かに有力に成立ち得たのであるが、それすらもなおこの通り事実とは反している。悲しく物足らぬ朝夕を過す人が田舎には数多く、都市には権門勢家という類の、経済の枢軸を握って人を畏服せしめたわずかな者と、これを囲繞して余沢を期する若干の輩が、目立つ働きをしているということは常にあるが、そういう両端の比量に基いて、容易に都鄙優劣のけじめを立てようとする思想は、また別に由来するところがなくてはならぬ。現に町の新しい住民の多数は、このありたりの淋しい田園生活に対してさえも、なお絶えざる渇仰の情を運んでいたのである。諸国大小の城下町などは、その近世の創立に際して、急速に威望を長養するの必要があったゆえに、幾分か伝統に忠なる農民の心理に乗じて、都府文華の耀(かがや)きを示そうとする形があった。周防(すおう)の大内氏が貿易を以て富んでいた頃には、京の貴紳は乱を避けて来り投じ、山口は町の姿風俗までも、都風に改まったと伝えられる。真似(まね)は一番簡単な改良方法ではあったが、やや進んで彼と競争の形を取る場合にも、なお往々にして「都まさり」の語を用いたことは、当今日本の風景にアルプス・ラインの名を喚(よ)ぶのと一つであった。こうしてできる限り首都の名声を承継(うけつ)ごうとした上に、さらに領土に対する古くからの支配力が、まだある形を以て城内には保留せられていた。地方の自治は最初に耕地の利用の上に現われたが、残る浦浜・山野の処理開発、それから運上課役の自由なる手加減等においては、農村生計の鍵は領主に握られていたのであった。恩を蒙(こうむ)るべき地位に百姓はあった。都市を幸福の泉の所在と解して、あえぎ息づく者がこれを仰ぎ見まもったのも、まだ相応なる経済的理由のあることであった。

ところが今日となっては、その原因はすでになくなっている。土地は家々に属しまた町村に分ち管理せられ、税は自分らできめて極(き)まればもう変らない。小さくとも農民はおのおのその事業の主(あるじ)である。国より以外の者が彼らを使役することのできぬのが、新しい政治の要点であるはずだが、しかも今でもまだ依然としてこの外部からの圧抑(あつよく)を感じているのは何ゆえであろうか。私たちの見るところでは、都市に住む者の二種の農村観は、一つは常人の自然に抱こうとする考、他の一つの農は不便なもの、何とかしてやらずばなるまいという風な見方は、元はただわずかの為政者の、公徳とも名くべきものであったと思うが、二者はいつとなく分界不明瞭に混淆している。これは恐らくは中間にさらに今一つの心軽く、かつ双方から感化を受けやすい階級の、漸を以て発生したことを意味するものであろう。しかしその階級が円熟して市民の中堅となり、十分なる輿論能力を持つに至るまでの過程が、まだ詳しく尋ねられたことがないゆえに、都市対農村の関係の中には今以て説明しにくいいろいろの現象が横わっているのである。例えば現在自分たちが多数の力を以て参与している国の政治に向って、始終救済を要求しつづけているのさえ変だのに、それがいつまでも答えられず、または答えられても何の効果の見るべきものがないというがごときは、あまりとしても不可解なる田舎風であって、それを当り前に思っているなら、町風もまた奇妙である。

六　京童の成長

都市の構成には村から移って来た武家・町役・御用方、人夫・諸職人・物売などのほかに、別にいまだ省みられざる重要なる一分子があって、年と共に成長しようとしていた。江戸の経験を談ずるならば、二百年ばかり前から落首(らくしゅ)というものが追々に盛んになって、一種の機智と皮肉とを以てあらゆる世相を批判することが流行した。それが伝(でん)誦(しょう)また摸倣せられて今なお地方の隅々にまで残っていることは事実であるが、その起りは発明といわんよりもむしろ応用で、つまりはこういう趣味をもつ人の数が、際限もなく増加した結果である。あるいは階級といっては精確を欠くかも知らぬが、とにかくに作者と鑑賞者を通じて、これに携わる人がおおよそは定まっていた。よく想像に上るのは軽い勤務の御家人、商家の楽隠居など、さては医者・茶道・俳人・碁打(ごうち)の類の、弘く交遊をその間に求めんとした人々であって、すこしく文才ありまた世間の知識にも暗からず、ただ必ずしも学問思索によって、公心を養おうとはしなかった人たちであった。従って落首すなわち民の声と速断し、諷刺(ふうし)に政治改良の動機があったもののごとく、解せんとするのは事実に反する。むしろ通弊とも目すべきは嘲笑(ちょうしょう)の集注、殊に弱点の指摘が皮相の観察に基いて、単に現前の多数意向を迎え、史論としてすらも大なる価値のないことであった。

しかも輿論の清算としては、はなはだ心元ないものであったにもかかわらず、翻(ひるがえ)ってその誘因となった一派の偏見に、怖ろしいほどの尖鋭さを与えたことは、都市の一つの特色と言ってもよかった。私は二十余年前の日露戦役の時に、上村艦隊を罵倒したたくさんの新聞投書を見て、始めて日本の都市に落首文学のなお雄勢を振うことを知ったが、この圧迫力は決して江戸と共に隆興したものではなかった。京都も中世の終から、少しずつこれに悩まされていた。「京童は口さがなきもの」といったのは、取りも直さずこの事実を意味している。ワラワベは単に責任を負わざる無名氏というまでで、古い正史に見える童謡も同じことと思うが、少年はもとより最後の摸倣者たる以上に、こんな事業の進行には興味を持とうはずがない。ただ局外に立つ者の眼から見ると、その子供らしさは、独り大して罪のない悪戯という一点だけではなかったのである。

全体に気が軽く考が浅くて笑を好み、しばしば様式の面白さに絆されて、問題の本質を疎略に取扱うことこれが一つ、ぐんと新しいものの刺戟に遭うとよく昂奮し、しかもその機会は多く、かつこれを好んで追随せんとしたがゆえに、往々異常心理を以て特殊の観察法を示唆せられたこと、これがその二つである。次には何に使ってよいか、定まらぬ時間の多いこと、そうして何か動かずにはいられぬような敏活さ、これがまた容易に他人の問題に心を取られ、人の考え方を自分のものとする傾向を生ずる、それから隣以外の人に一時的の仲間を見付けるために、絶えず技能を働かせまたこれを改善せんと努めること、すなわち大抵の童児にはかねて具わって、これをよく育成すれば公けの力となり、悪く延ばせば弥次馬の根性ともなるものを、特に境遇によって多量に付与せられていたのが京童であった。村に留まっていつまでも耕作の業に携わる人々は、彼らとは正反対に、ほとんどそういう気質を養うべき機会を知らなかったのである。だから世が静かで上に対する怨嗟がなく、または行詰って社会の交渉が杜絶し、いわゆるゴシップの種が坊間に乏しくなると、そのたびごとに都市の落首式批判は去って農村の最も無心なるものを襲わんとしたのである。権助・田吾作の仮説笑話を以て、文芸が都市人の退屈を慰めていた期間も永かった。これが手引をした経験でない経験、それをただすこしく変形したほどの農村概念が、現に今日でもある種の弁証には供せられんとしている。新たなる都市の害というものがもしあるならば、それは改革の未熟であり、また古いものの考なき踏襲であった。

七　語る人と黙する人と

この改革は誠に容易でない。都市の変化がすでに一定の歩調を揃えず、区々乱雑の姿があるとすれば、それが片端から村落に採用せられて早晩全国の一致を見るものと、想像することがまず誤っている。文化がただ一筋の広い道であって、人類は必ずその上を行くものならば、後れたる者の追付くのはもとより模倣ではないが、果して最終に自分らにも用立つか否かを、すこしでも考えてみぬうちに真似を始め、さて自ら及ばざるを認めて、甘んじて後塵（こうじん）を拝せんとすることは、往々にして無益の忍苦である。田舎の不得手にはもと二様の原因があって、その一つは今の教育の普及を以て、延引（えんいん）ながらもこれを補充することができるもの、他の一つは始めからこれを予期したことが無理であり、また不必要であったと見るべきものはないであろうか。それをちょうど考えてみる時がやって来たのである。

都市の住民は多くは二箇処の経験をもっていて、殊にこの比較をしてみるのに適している。前節に私の挙げた普通の市民と、普通の村民との批評法の相違などは、これを前者が考えていたごとく、果して進歩の遅速と見ることが正しいかどうか。国の文芸の将来を説くためにも、これはぜひ一応は省察しておくべき問題である。例えば言語の技術の、町が出来て後に急に目ざましい発達をしたことなどは、いくらでもその理由を見出すことができる。村の無口がもし根本の不必要に基くとすれば、今まで雄弁のむしろ疎（うと）

まれていたのも不思議ではないのみならず、くどい叙述を用いずして互の心持が解るだけの、村の交際が続いて行く限りは、輸出に向くような文章は将来もなお産しないかもしれぬ。町では境涯の異なる人がよく出逢うゆえに、上手な説明に軽口なども取添(とりそ)えられ、もし仲間だけにしか通用せぬ省略をすると、楽屋(がくや)落(おち)と称して人が嫌うけれども、実はこの国の文学には、和歌俳諧の連句を首(はじめ)として、今でもまだたくさんの余韻がある。これを平明周到ならしめんとする運動は最近に起ったが、しかもまだ知れ切った綿密よりも、かえって気の利いた不明瞭を、意味深長などと喜ぶ風はあるのである。ましてや久しい間「物言い」を不吉とし、単に相手が諒解(りょうかい)を拒む場合のみ、この力を傭(やと)っていた土地において、眼や空気の直接の感応交通が、人を不調法(ぶちょうほう)にしなかったならば、むしろ物の不思議である。

　言語はもちろん大切なる教養であって、昔もその技能の他に優れた者を、使者や媒人(なこうど)には選抜したのであるが、なお三つばかりの原因が村の表現の改良を妨げていた。その一つは形式の固定、これは主として聴く者の側に、いたって窮屈なる期待があったためで、社交が広くなれば当然にその拘束は解けるであろう。第二の原因はこれに比べると、さらに内在的でいつ自由になるかの見込が立てにくい。町の刺戟は不断の緊張であり、人はまた容易にその機会を構え得るに反して、村では祭礼や家の吉凶、年に何度の大作業の日の他は、力めて平生の興奮を避けて、いわゆる「改まった場合」の意義を深くしようとしている。感情の波動はいたって緩慢で、しかもほぼ村全体が一致しているゆえに、たまたまその沈静期間に出くわすと、一人ばかりの激昂は何の効果もないか、もしくは不愉快なる混乱を現出する。素朴な歌謡や古風な辞令が、飽きずにいつまでも繰返されていたのも、こういう間隔を置いてさらに印象を新たにするからであって、従ってそれ以外に発明しまた採択する場合が少なかったのである。通例都市人の交渉に際して、この精神上の休止状態を、もどかしく感ずるのは是非もないが、村民の側でも自分ながらも不便を感じていた。

酒の第一期の濫用はこれによって促されたようである。酒でも飲まぬと話ができぬといい、もしくは一杯やりながらなどというのは、要するに興奮の人造を以て、社交に必要なりと認めたからである。そのくせに町の人のごとく、器用かつ手軽に酒間を利用し得ず、結局はかえって酔後の反動を、沈痛ならしめている形である。村に少数の都市式弁者を交えるということが、意外な動乱と目せられるのはこのためで、さりとて全体の気風が一変するの日は待っていられず、しかも相互にこの特質の承認を心掛けないゆえに、自然に口達者が勝って来て、段々に町風の模倣が盛んになるのである。

八　古風なる労働観

第三の弱点は労働の性質と関聯している。村に働く人々は気力内に充ち、心を成績の上に集注する点にかけては、いかなる技術者にも引けを取らぬはずであるが、その実はあまりに古くから、定まった一つの様式に生存を打任せていたために、かえって自分の境遇に対する意識が足りない。たとえば鏡を持たぬ者の、わが姿を批評せられるのを聴くような感じを、抱く場合が今までも多かった。この不安を除くには学問より他はないのであるが、久しい間教育は極度に消極的であった。親から学ぶところは親が学んだだけであり、分を知るということは現状に甘んずるを意味していた。世間を見よという訓戒は彼らのみには与えられず、比較はいたって狭い範囲にしか行われなかった。しかもこの抑圧せられたる知識慾に対しては、学校の教育はやや急激なる解放であったともいい得る。物皆がすべて新奇で、新奇なるが故にことごとく価値あるかのごとく、解せんとする者をさえ生じた。理窟は何でも通り、漢語・洋語はすなわち信用というような時代がしばらく続いて、村に最も不似合な生活をする者が成功した。なまじいに一方の口だけを急に開いたために、かえって光を見て内の闇さを感ずるという趣があった。

しかしこの解放がもしなかったら、到底心付くことができなかったろうと思うことがいろいろある。つまりは省察の機会もまたこれによって与えられたのである。村の新たなる悩みが全国に共通で、しかもそれから脱出せんとする試みが、土地の事情につれて一様でなかったという点なども、大いに学ぶべき問題の一つである。多くの悦ばしい希望はその中に籠り、むやみに模倣し人の説を聴くということの、不安心なる理由も自然と認められる。私などにとってのうれしい発見は、労働に関するいたって古風な考え方が、まだ村だけには残っていたということである。今になってこれを説立てるのも詠歎に近いが、労働を生存の手段とまでは考えず、活きることはすなわち働くこと、働けるのが活きている本当の価値であるように、思っていたらしい人が村だけには多かった。これが都市との最も著しい差別であって、何ゆえに働いているのになお生きられぬかという疑惑の、最近特に農村において痛切になった所以でもあるが、もと促迫なき労働に携わっていた者でなければ、到底このように生と労とを、一つに結び付けて見ることはできぬのであった。外から見たところでは祭礼でも踊でも、骨折は同じであって、疲れもすれば汗もかいている。山野に物を採りに行く作業などは、その日によって遊びとも働きともなっている。それを近世の都市式人物ばかりが分界を立てずにはおかなかったのである。田植は苦しいから労働の内としておくが、苦しいといえばただ暮していても苦しかった。たとえ八時間の短かい勤務でも、責めて使われることになれば苦しいと思うに相違ない。それを農民だけはこの頃までまだ経験しなかった。

いわゆる遊民の問題はこの点を参考として、今一度考えてみる必要がある。町に入って行くまでは、人は懶惰(らんだ)もまた一つの生活なることを知らなかった。村に住む間は殿様もまた働いていた。もちろんそれが乗馬と鷹狩(たかがり)ばかり、酒宴と戦争ばかりにもっぱらなるに至って、羨(うらや)みまた疎(うと)んずるの情は起らざるを得なかったが、なお麻を著(き)、粟(あわ)の飯(いい)を食う生活の、上下ほぼ一様であった間、また骨惜みを卑怯(ひきょう)と一つに憎み得た間は、彼を農村生活の著しい除外例とも眺めてはいなかったのである。しかるに都市が始まって好(よ)き衣(きぬ)悪い衣、美食粗飯の差が追々と目に立つと共に、労働の損得ということも考えられるようになった。隣の寝太郎の昔話が、盛んに行われ出したのもその頃であろうと思う。寝太郎は若い時寝てばかり暮したけれども、運あり智慧(ちえ)あってやがて長者の聟となった。工夫と観望と巧妙なる立廻(たちまわ)りとは往々にして五十年の辛苦に勝るものがあることを、夢でなくした者は市人(いちびと)の他にあり得ない。百倍二百倍の失敗率を勘定に入れず、たった一人の成功を歓呼するなども、また京童のみの技能であった。これがさまざまの空な試みとなり、稀にはまた善く謀る者の機会ともなって、次第に戦闘や渡海の冒険を都市の方に誘致し、同時に懐手の価値とも名くべきものを、認めしめるに至ったのである。三百年前までは、商売はただ負搬の労多き一業務に過ぎなかった。それが市場を制御するの術を知れば、坐ながらにして百貨の富を集め、逸居の智慮を以て心を生産にもっぱらにする者を使役することもできたのみならず、さらに自分を中心とする社会経営を一つの学問として、世に行うことさえも困難ではなかったのである。今日の市場本位の経済学の前に立てば、農民は簡単なる弱者であった。その説法に耳を傾けつつ、ついに自らわが迂拙を嘲るの心を生ぜざらんことを、希望するのは少しく無理な話であった。

九　女性の農業趣味

新たに与えられたる農村の自由は、不幸にしてまだこれを活用するだけの、弘い舞台を伴うてはいなかった。わずか一通りの見本を備えておいて、さあさあ勝手に選定せよと、言ったような教育が行われていた。村の住民が自ら不満足を感じ始めるまでは、むしろ学校の効果の十分でなかったことを、有難いと思わねばならぬ場合もあった。いくつもの実例を挙げることはむつかしいが、村に住む女性の心意の変化、これがやはり無口で昂奮の機会が少ないということと関聯して、久しく我々の注意から洩れている。この節若い娘たちがさそい合せて外に出て行くようになって、始めてその結果を恐れる声は高まったけれども、じっと落付いておりにくい事情は、決して昨今になって現れて来たのではない。従ってその影響も人の想像するごとくに、単なる縁組の困難というようなものでなかった。

町へ出て来て暮そうという者の中で、女はいつも最後の追随者であった。家がなければ居ることができぬゆえに、初期の移住地には必ず男が多く、殊に女は都市生活の拘束に対しては、不安という以上に若干の反感をさえ抱いていた。人に使われる風は少しずつ始まったが、堅い者ほど早く家に帰って、力めて自分たちの固有の生活法を、守ろうとしたのも彼らであった。村が文化の新しい流れに動かされ、その自由の意外なのに驚いたとすれば、この住民の一番世間見ずなる者に、特に印象の深かったのは当然である。

外国の書物からは学び難いことは、婦人がその気性と持前の興味とを以て、深く日本の農業に干与していたことである。いずれの民族においても、元は農作を女に托すべきいろいろの理由があったというが、そういう学問上の観察は別としても、とにかくにこれが衣食の手近なる在り処（ありか）、すなわち町屋ならば米櫃（こめびつ）・箪笥（たんす）に該当するものなるゆえに、主婦がその鍵を預かろうとしたのも不思議はない。女をできるだけ労役に服せしめぬということと、彼らが男子のために余分の心配をし、気を揉（も）むということは、新しい立法でも別々に見ている。しこうして農業には後にもいうごとく、いたって面倒な仕事の割振（わりふり）があって、ある場合には婦人ばかりか、小児も老人も協力をしてくれぬと、肝腎（かんじん）な男の労働も十分の効果を挙げられぬのであった。そういう人情を加味した共同の作業において、いわゆるおかた家刀自（いえとうじ）の気転と元気、わけを善く知った忠言の大切であったことはもちろんで、娘嫁の手伝いもつまりはその見習いであった。しかるにこの大切な女性の力を看過した農業の教育であったゆえに、それが進むと共にかえって野は淋しくなったのである。

個人の生産技術に日本ほど世話を焼いた国も珍らしいが、その講釈が物々しき新語に改まるとかえって次第にこの謙遜（けんそん）なる参謀長らは後ずさりをした。農法は目に見えぬ変化を受けたのである。男子が町風に賢い労働者となる頃には、女もまたその剰（あま）されたる力を以て、町の家庭の学ぶべきものを学んでいた。そうして小農の生計において、かなり重要であった補完の事務は、もう何人（なんぴと）の管掌でもなくなっていたのである。その上に衣料の紡織、貯蔵食物の用意等のために、女が費し得た力は残って、その代りの任務もまた多くは男子に課せられる。幸いにそれが貧苦の原因に加わらぬとしても、女性はもと寝太郎長者のような遊民でなかったが、新たに何かを心がけるとすれば、彼らに与えられんとする仕事は限られていた。単に趣味ばかりか、気質までも農村には向かなくなって、家に在って遠くのことを考え、出ると再び還って来ることが、追々にむつかしくなって行くのはその結果である。

一〇　村独得の三つの経験

農村の動揺にはもちろん遠い素因がある。近代はただこれを促した事情が、急にかつ露骨に現れたというまででもあろう。しかしこういう世の中に入って行く際に、もしあらかじめ農に衣食する者をして、少しでも自分の持つ力を覚らしめる道があったら、事態は必ずしもこの形を以て発展しなかったかと私は思う。これが革新のなお希望多き理由である。

三つの貴重なる経験を以て、少なくとも田舎人は、かえって都市住民に教うべき資格を持っていた。その一つは勤労を快楽に化する術、すなわち豊熟の歓喜とも名くべきもので、都市ではただわずかの芸能の士、学問文章に携わる者などが、個人的にこれを味わい得るのみであるが、村では常人の一生にも、何度となくその幸福を感じ得たのであった。ただ税と闘った百姓は努めてこれを包もうとし、一方無責任なる田園文学が、幾分かこれを誇張したために、今では改めて考えてみようとする人が村の内にもなくなっただけである。第二には智慮ある消費の改善を以て、なお生存を安定にする道がいくらもあるということ。その反対の側面から言うならば、保守固陋を以て目せられる田舎風の生活にも永い歳月の間には種々なる取捨選択が行われ、また往々にしてその失敗に悩まされていたということである。近頃ではその変動が殊に烈しく、しかも全部を中央の指導に仰ごうとするゆえに、ほとんど判断の当否を覚るいとまもないが、新しい物必ずしもより良き物でなかったことは、木綿や毛織が風引きを多くし、温食の風が歯を弱め、米の精白が脚気を流行させた等の、種々なる原因が後から発見せられるのを見てもわかる。気永なる観察を以て実験を得、かつ土地の生産をこれに基いて調節していたのが我々の農民であった。奢侈浪費の論とは独立して、人はしばしば愚昧なる採択を以て、生活改良のごとく誤解するものだということを、注意し得る地位に立つ者は彼らの他にはない。それが今日ではその本務を怠っているのである。

第三の特に大切なる一点は、土地その他の天然の恩沢を、人間の幸福と結び付ける方法、これも社会がすこしばかり複雑になると、はや濫用が始まり妨碍が起って、耻かしいほど我々の制度は拙劣であったが、狭い島国ではなくとも、人はこれより外に進んで物を豊かにする途を持たず、また田舎者以外には専門にこれを掌る者はないのであった。いかに巧妙なる交易を以てしても、結局は生産した以上の物を消費し得ないことは、家も村も国も世界も同じである。しかもこの限度は個人を拘束し、また近頃までの郷党を拘束したにかかわらず、団体が大きくなると、そうでもなさそうだという感じを生じ、あるいはまたそうかも知れぬが、自分だけ多く取り少なく負担しようという念願を燃やしたのである。貧乏はすなわちその消費の積算が、総体の生産を超過する状態の名であれば、個人の欲望が自由になって行く限り、どこかの一隅には自分の知ったことでなくして、難儀をする者が出来ているわけである。それを辛抱させようとする法令、また道徳がいろいろと案出されたが、その手前勝手を知って辛抱をせぬという者もまた多くなった。分配の公平を説こうとすれば、第一次には全体の消費を統制する必要を認めて来る。いわゆる自給の経済に永い経験を持つ農村人が、何人よりもその案を立てるに適している ことは確かだが、この点においても彼らは新たに不可能事を摸倣せんとしているのである。

この新らしい田舎風は遥かに昔かつて笑われたものよりも悪い。もとより貧窮なればこそ解脱の策を求め、今の生活が苦しければこそ、外を羨もうという情を抱くのであるが、仮に都市人の無思慮なる浪費が、彼らを衰微させた直接の原因であるとしても、進んでそれを真似することが何ら対抗の策でないことは知れ切っている。今の状態では幸いに貧乏を遁れ、また労働が著しく改良せられても、争いと不平はなお続いて、負けるという感じは止む時がないかも知れぬ。農村居住者が都市と同じような生活を営むのに、不便が多いということがもし衰微ならば、農村にはそれを遁れる方法のない方がむしろ当然である。

第五章　農民離村の歴史

一　都市を世間と考えた人々

　田舎の力の何としても否(いな)み難い一つの証拠は、町に祭りとか大きな催しとかのあるたびに、土地の賑(にぎわ)いの半分過ぎは、いつも村の人が来て作ることである。花が咲いたといえば山の方からさえ見物に出た。以前はこれを赤毛布(あかげっと)などと呼びながらそればかりをあてにして暮している者も都市には多かった。村に入ってみると一生の間、これだけの旅行すらできなかったという人もたくさんにはいるが、いわゆる「ところ貧乏」の心細さを凌(しの)ぐために無理な貯蓄をしても一度は都を見ておくことを、伊勢・善光寺(ぜんこうじ)のお参りと一つに、考えている者は各階級にわたっていた。それがいたって古くからのしおらしい村の修養でもあった。そうして質朴なる人々は、こんな人込場(ひとごみば)を端的に世間と名づけつつ、自ら進んでその知識を獲(え)ようとしたので、必ずしも一方の繁華が彼らを誘惑したのではなかったのである。村と町との接近を妨げ往来を制限することが、摸倣と浸潤とを免れる手段なるがごとく想像することは誤っている。

都市は最初から、総国民の利用のために具っていた。城下が城の主の予期以上に、すぐに大きくなったのも自然である。利用という語は都だけには当らぬけれども、目的の一つはなお指導と訓育とにあって、それゆえにまた都に出て来なければ、学べない事柄がわざと残されてあったのである。すべての力が都市を支持するために、集注せられるという風な考え方も西洋にはあったが、少なくとも後代の必要に応じて、村を町に仕立てて来た我々の間では、つい近頃までそうは思わなかった。もちろんまた剰った人間の置き場とも思わなかった。人が剰るということは今でもまだ、これを認めんと欲せざる者があるくらいで、事実だとしても新しい事実であるが、人は夙くから都市に向っていた。そうして用が済めばさっさと還って行くだけの、家をめいめいが持っていたのである。

参観交替は人質を留守居に改めた点ばかりが新制度で、他は前からの仕来りのままであった。江戸の幕臣なども三百年の間、先祖書には本国三河などと書いていた。お国はどちらと聞かれながら、町に住んでいた人は随分と多かった。ただその滞留が段々に永く、後には還るべき便宜の絶えた者が数多くなって来て、町風は起らざるを得なかったのである。都市自身の立場から考えて、こういう偶然の独立が果して安固の道であったか否か、またいわゆる中央集権の真の効果を発揮する手段であるか否かは、今後の実験によって始めて確められるので、現在まではとにかくに未解決であった。田園都市も都市田園もよいが、それよりも先に誰が住み、いかなる気質の者が、そこに勢力を張ることになるかを考えておかなければならぬ所以(ゆえん)である。

二　商人の根原

町を構成している住民の中には、ずっと古くから農でなかった人も、少しばかりはいるはずである。僧道巫術(ふじゅつ)の徒は別にしても、旅を常の生活として村から村へ、わずかな品物を持ち市の日を尋ねて、交易の利だけを求めてあるいた者はいたのだから、それが誰よりも早く新立(しんりつ)の都市に入って、安住の計(はかりごと)を講じたことは想像し得られる。町の少なかった時代にはこれら漂泊者の境涯は楽でなく、しきりに職業を更(か)える風はまず彼らに始まり、農民はこれを軽(かろ)しめていた。鞘(さや)とか才取(さいとり)とかいう語の原(もと)であったスアイ、後に番頭と混同してしまったバンゾウという語などは、いずれも幾分か悪い意味を持っていた。『慶長見聞集』を見ると、江戸の呉服は当時高野聖が、辻に坐って売っていたと書いてある。確な商人は皆村から出て、後にその道を習うた者であることは、一戸一戸の系図に問うまでもなく、その暖簾の屋号さえ見ればすぐに解る。その中でも山に近く都会に遠い土地が、かえって夙くから修業の旅に出る必要を見たのであった。甲州でも富士北麓の九一色郷などは、出入の殊に不便な谷底であるにもかかわらず、雪深く耕地乏しくして一年の稼ぎがむつかしく、古来人馬の通行切手を給せられて、諸国を廻って商いをしていた。始めは木材工芸品を主としていたろうが、追々軽荷を選んで次から次へと交易した。九州でも有名な肥後の五箇荘は、多くの薬売の出た村であった。越中は中古以来、いろいろの旅人を出した国と伝えられ、その薬行商は少なくとも霊岳立山の信仰と関係があるかと思う。芳野・胆吹の山の麓の売薬もその例であった。近江にはこれ以外に、なお古くから旅商いがあった。近代の近江商人は湖岸近くの平地から出ているが、いわゆる日野椀・日野折敷の世に知られた頃よりすでに出ていた者は小椋村の木地屋であった。京近くは山家でもすでに人多く、山茶・杓子の類の産物を外に販いで、わずかに一年の生計を補足しているうちに、末には皆還ってはとても住まれぬほどに増加して、轆轤細工を以て行く先々に土着するようになった。伊勢商人も初期にはやはり山の産物を取扱っていたのではなかったか。とにかくここにも杓子を製して惟喬（これたか）親王の御由緒を語る者が多くいた。彼らが今日の優れた紳商にまで、このわずかな期間に進化したことは信じにくいであろうが、現に三井家の祖先なども、やはり近江の朽木（くつき）の谷から出ている。中央山嶺（さんれい）の両側面には、汽車万能の今の世に至るまで、まだボッカと称して山の物を運んでいる強力（ごうりき）の荷担ぎがいる。山を越えると交易は必ず利を見たが、村々の市場にはその一度分の需要もなく、貯えて価（あたい）を待つ便宜も乏しかった。すなわちこういう人々のためには、都会は機会であったのである。

この種の交易の一方は必ず農産物であったことは、アキナイという日本語がこれを推測せしめる。秋の収穫によって代りを徴すべく、田植の前後に品物を貸しておくとすれば、以前の商人は年に両度の訪問をしなければならなかった。都市に市場の中心が出来ても、二地を往来する人の脚だけは必要であった。農民が無知の高垣の内に閉されて、無邪気に摸倣と羨望（せんぼう）の不幸を免れていたかのごとく、考えている人があればそれは誤っている。世間を知ろうとすれば方法はちゃんとあった。ただし知ろうとする念慮のみが乏しかったのである。

三　職人の都市に集まる傾向

職人には殊に都市の興隆を悦び、最初に来てその永住の市民となるべき経済上の理由はあったが、その発祥地はやはりまた農村であった。あるいは技芸に外国の影響が多く、都市は通例その入口を以て目せられているために、元から町の土に育ったような感じを持ち、中にも建築などは寺院の保護が厚かったので、祖神を聖徳太子とする信仰も早く起っているが、そんな新しいものでないことは上古の様式、京都のそれよりもさらに古いものが今なお地方に割拠しているのを見ればわかる。正しくはこれも山国の木の神の氏子で、かつては飛騨の工、伊那の工、今でも一流の棟梁の村に住する例は稀でない。前節に挙げた甲州の九一色なども、正しい文字は工一色で、木工の勤労を年貢の代りに、納めることを許されたる村であった。屋根屋は関東でよく知られた者が、筑波山の傾斜地の村に住んでいて、下総・上総の方面を冬になると巡業したが、多摩川流域の村々の草屋は、かえって近年まで会津の田舎から、群をなして葺きに来ていた。石垣を築く者は穴太役の名あり、本来これも江州の湖西から出た者らしいが、後々近国に分れ住んで追々に専門を小別した。主として石材搬出の便宜ある地を求めて土着したかと思うが、武蔵西部の山寄にいる者などは、必ずしもそうでないようである。

　これらの工人は国に大きな土木の起る場合、催促に応じて諸方より集まり来り、往々長年月の仮屋暮しをしたことは、軍陣の生活とよく似ていた。江戸城の大拡張と諸侯家の移転のごときはこの機会の最たるものであって、仮に彼らにその意思はなくとも、またその半生を老却するに足りたのであった。火災の頻々として町を灰燼にしたことなどは、以前はいつまでも職人たちを引留る原因であったのが、やがては平和の失業に苦しんで、その災難をさえ景気の種として、歓迎しなければならぬまでに、もう彼らの手は剰って来たのである。

　しかしそういううちにも大工・左官などは、まだ村の間に住むことができた。五百千戸の平原では順次に仕事が絶えず、近郷相助けて小さな作業団を作ることも困難でなく、従って近い頃までは地方地方の建築に特色があって、これによって技術の系統を尋ね得られたのである。これに比べてやや新しい工芸は、一地の需要を以て専門の職人を養い難きために、元はやはり行商と均しく、苦しい旅行を続けなければならなかった。染物師が民間染料のなお盛んに用いられる時代に入って来て、秘伝と花やかなる出来上りとを以て、わずかな期間に農村の嗜好を一変させ、その独自の地盤を開拓したことは、今日の小売商法とその軌を一にしていた。桶結い(おけゆ)が檜物(ひもの)を駆逐したことは、幾分か事情がちがうけれども、これも都会が起りまたは酒造りが大規模になるまでは、なかなか一箇の工人として独立することが容易でなかった。もっと苦しかったのは鋳物師(いものし)であった。彼らは作業のためにはある人数の協同を要したにもかかわらず、需要に限りあるがゆえに一地に定住することができなかった。その漂浪の生活の跡は、今でも関東などに著しく遺(のこ)っている。諸国に城下の町が立つと聞くや、急いで彼らが集まって来ようとしたことは、我々の想像以上であった。団結の便宜はこれによって見出され、次第に衣食資料の供給者に対して、自由なる取引をなし得るに至ったと共に、一方には原料と製品との処理方法について、新たに商人との提携を必要とするようにもなったのである。

四　武士離村の影響

武家の移住はこれらの例に比べると、よほど外部の圧力の加わったもので、大体からいうと当人の好まざるところであったが、その結果の村を淋(さび)しくし、町を上品なまた花やかなものにしたことは、もちろん遥かに商工の離村に越えていたのみならず、それから今日までの大なる人口動揺の、発端はここにあったということもできる。もっともそれ以前とても番の役、年に何度となき拝礼の日などがあって、平和の時でも往来は頻繁であったが、里に眷族(けんぞく)を住ませて自ら農作の監督をしていた間は、自身にも地主の威望と山野の自由とがあった上に、農民もまた理解せられて使役の度数が少なく、かつ朝夕に隣人の間にいて、気楽にその用を勤めることができた。それが強制せられてことごとく城主の周囲に行って住むことになると、城下は繁昌(はんじょう)するが武士の気風は衰えた。まだ幾代も重ねぬうちに、彼らの生活ぶりは変ってしまって、知行地(ちぎょうち)はただ年貢米を運んで来る百姓の住所として考えられ、多くの藩ではその計算をさえお城の勘定方に一任して、扶持米(ふちまい)取りとの差別はなくなった。そんな主人の家へ課役に宛(あ)てられて、出て来て働くべき村民はみじめなものであった。藩が大きければ往復の費(ついえ)が殊にはなはだしい。江戸へ喚(よ)ばれて使われる場合はなおさらのことであった。

いかに古くからの仕来りでも、改めずにいられぬ時代が時々はやって来る。もし労務の負担を公平ならしめんとすれば、各藩の定書(さだめがき)にしばしば見ゆるごとく、百姓一人につき一ヶ月に一人ずつ、地頭へ奉公致すべしと命じなければならなかったが、それでは道路ばかりあるいている結果となる上に、馴(な)れぬ城内の生活に間に合うはずもなかった。そこで追々に村方の申し合せを以て、なるべく気の利いた一人を選任して、他の一同の名代を勤めさせ、続いて半季一年の間働いて来る者が多く、中には江戸までも喚寄せられて、測らざる都市生活を体験し、農と縁遠くなった者もいたのである。江戸初期の藩邸には、こういう国元の人夫の雑役に宛てられる者が、かなりたくさんに来て住んでいたらしい。ある大名は領内貧窮の農民を、特に連出して土木の工事などに働かせていた。年季奉公の仲間・小者なども、以前は力めて領内の子弟の、有附きを望む者から傭い上げようとしたのであったが、その数があまりに多いので、旅費その他の失費が嵩み、一方にはいわゆる町奴の類の、自由に主取をしようとする者が追々に集まって来て、もはや不調法な領内の人夫を、わざわざ遠くから喚上げるにも及ばず、むしろその負担を他の収納に換算して、入用に臨んで傭う方を便とする者が多くなった。すなわち下人人足の供給方法は、江戸時代に入って一変した。例の幡随院長兵衛などの人入れ稼業は、この事情の下に始めて起ったもので、都市の労力統制が自然の傾向に打負かされ、何度でも失業の苦艱を嘗めなければならぬ弱点は、もうこの頃からそろそろと始まったのである。

五　長屋住居の行掛り

現在の大都市が次第に郊外に溢れ出し、実際はしばしば人口増加の比例以上に、広い地積を占めるようになったことは、原因は主として移住方式の変化にあるように思われる。町に永住の志願を抱いて来る者は、元は存外にその数が少なかった。大体からいうと城下も村と同じように、屋敷を給せられた者が落着いて住む気になるのであるが、現に最大の地主たる諸侯家はそれでなかった。江戸の武家邸宅の地割は十分に豊であったが、なお大名にとっては広いとも感じられなかった上に、その周囲には多勢の従者が、ほとんど息つまる窮屈さを以て、固まって寄寓していた。この点は他に行き処もない旗本・御家人も同じで、主人にはやや安居の余地があっても、家来はいずれも皆窓一つの、庭も玄関もないような長屋が給せられていた。しかし都市の生活の狭苦しいことは、少なくとも五、六百年間の経験であった。言わばこの階級の常識であったゆえに、改めてその不平を言おうとした者がなかったのである。京都に長番の制度が定められると、諸国の武家は郎党を引連れて、来って市中の処々に仮屋を建てた。仮屋は幕打ち篝を焚く露営の生活と比較すべきもので、単に雨露に濡れず食事に苦労がないという以上には、家の暮しとは似た点が一つもなかった。本来は一年二年の短期のものであることを知るゆえに、その不便を忍ぶことがやや容易であっただけである。それが江戸時代になるとある者は境遇の必要から、いつの間にかその辛抱に馴れてしまって、後にはわずかばかりの改良を加えただけで、その小家の中で婚姻し親族の交際を始め、必ずしも以前の境遇の自由さを、慕わない武士も多くなった。これがつい近頃まで東京などに残っていた、いわゆる長屋住居の行掛りである。

これと同じ事情は町屋の方にもあった。露地から出入をする裏庭のような空地に、十戸二十戸の割長屋を建てて、市民の半分以上を住ませることになったのも、元はその数だけの完全なる家庭が、そこに成長すべきことを予期せぬからであった。実際また早期の来住者は職人でも牢人でも、別に幽かながらも本拠を田舎に持つか、そうでなければ身一つの者が多かった。そうして次々に仮住の地を変えていたのである。彼らを最も簡便に家の人たらしめ、妻を持ち子を育ててついに裏店の一生を送らせることになったのは、外に新たなる力の保護があったからで、それには特段に都市の長処を認め、仲間の力によってここに羽翼を張ろうとした、一、二の階級の発生を想像せずにはいられぬ。しかも任俠然諾の新道徳、親方子分の盲目的義理固さなどは、彼らの連鎖としては随分と有効であったものの、なお昔からの出稼人を制限して都市の労務を独占するまでの力もなく、ましてや借家生活の根本弱点を一掃して、町を第二の故郷と考えるまでの安住心を与えることなどは企てもしなかったのである。これに比べると今日の来住者らは、遥かに自由でありまた独立した動機をもっていて、そんな昔からの拘束は省みない。人が移ってよいならば家も移すべきだと思っている。だから地位資力の許す限り、土地を求めて思い思いの住居をしようとする。そうしてわずかに残っていた町の統一力をも破って、まだこれに代るべきものを案出せぬのである。考えようによっては今日の都市生活は非常に希望の多い時代とも言えると共に、また乱雑至極の時代とも言うことができるのである。

六　冬場奉公人の起り

江戸では天明の不作に伴う市中打毀しの騒動が、遅蒔きながらも一つの発見であった。それ以前からも町に余分の人数を住ましめることが、非常急変の手当に差支えるということは教えられていたが、すでに久しい間労務供給の方法が、民間の自然に委付せられて、ほとんど一つも調節の道は具わっていなかったのである。政府としては市中の人の手が平生は少しく足らず、何か事のあるに先って田舎から、これを補充し得る状態を望んでいたかも知れぬが、事件は不定期にしかも引続いて起ったのみならず、いったん大規模の需要が生ずるとそれに応ずるの設備がすぐに成立って、またいつまでもこれを維持しようとする者が現われる。大火事のあったたびに建築職人の数が殖えて、火事の少ない年は不景気を感ずるというような例はどの方面にもあった。そうしてその次には逆に田舎稼ぎということが始まったのである。食物運輸の方法には相応綿密な注意をしていたが、生活そのものの保障は実はもう早くに断念せられていた。

この間において一方には昔ながらの労力供給が、一つの水筋のごとく引続いて今も流れ込み、それが淀んで末に行って溜ろうとする趨勢は、年増しに著しくなって来た。すなわち人の移住は決して新しい現象でないが、家の移住が近世に入って、急に盛んになって来たのである。その原因が何にあるかも興味ある問題に相違ないけれども、我々にとって一層大切なことは、この先どうなって行くか、及びどうなるのがよいかである。いずれにしてもそれを一片の訓諭を以て、制止せんとする企てのみは無茶であった。

いわゆる冬場奉公人の起原は、多くの城下町の成立よりはむろん古いと思う。雪国の雪に埋もれて労働の機会のなくなることは、昔も同じこと、もしくはより以上であった。そこに三月四月分の俵物を控えて、ただ火を焚いて暮し得る生活は、技術上からも不可能に近い。あるいはひどい食物を少し食って、冬眠のごとき蟄居をする例も絶無ではないが、そんな日を送るよりか若い者は出た方がよい。これが簡単なる移住の動機であった。少しでも世間の事業や機会がこれを誘うたのではない。言わば日本という国は冬になると、周期的に仕事が不足し、労銀の安くなる国であったのである。

あるいはこの移動を穀寄せなどと称して、単に冬中の貯穀を支えしめるを目的とし、かえって役に立たぬ小児や老人を出してやる地方も少しはあるが、出て働くほどならば少しでも割のよい仕事、もしくは末に見込のある場処へ、ひょっとして還って来なくなっても困らぬ者から、出て行かせようとしたのは自然である。だから山村には諸種の手芸のごときものが発達した。杣・木挽・炭焼・椎茸作りを始とし、桶屋や籠細工・指物師・大工なども出たが、それらは前にもいう通り、早く農業と手を切ってしまったのは、一つには冬場だけの業務には向かぬからである。これとは反対に酒造りの百日男などは、山とは関係がなくとも多く山国から出ている。そうして春は戻って来て、また山の畠を耕したのである。町ならば冬でも何らかの仕事があった。というよりも彼らの冬の手伝いによって、都市はもと大いに助けられていたのである。

七　越後伝吉式移民

江戸へは周囲の平原の雪のない土地からも、多くの年季奉公人が供給せられたが、最も特技を要せぬ力業のために、当てになる勤勉な冬場稼ぎは、もと信州北国の田舎から、毎年出て来ることに定まっていた。例の江戸雀がこれを椋鳥と名けたのは失礼であったが、季節といいまた群をなして峠を越え、暖かい村里に少しずつ分れて、残って行こうと試みる習性までが、面白いほど椋鳥と似通っていた。彼らがこの大きな都会のよく笑う人の中で働くことが、果して最も心安かったかどうかは疑わしいが、とにかくたくさんの雑役が町では彼らを待っていた。遅く出廻って来る穀物を小揚げして、それぞれの倉に積むことも一仕事であり、それを米に精げ餅に搗いて、春の備えにすることも一役であった。炭薪の運送は殊に骨折の大作業で、木を割って家々の竈近くに積むことは、冬分の大きな水汲みと共に、か弱い者には望まれぬ手わざであった。湯屋の奉公人などが椋鳥の中から輩出したのは、この他にもまだいろいろの理由があったかと思う。

もちろん近在の村々からでも、捜せばいくらも出て働く者はいたろうに、特に北国の短期移民を待って、必ずこういう労務をしたのには仔細があった。いうまでもなくそれは条件の雇主に有利なことである。何でも出て来なければならぬ家の方の事情があるゆえに、彼らの要求は小さかったのである。仮に一年の仕事の中に時期は随意のものが半分あろうとも、賃銀が安くなければ冬来て春は帰ってしまう者を、当てにしているはずはないのであった。そういう中でも殊に篤実で調法（ちょうほう）と見込まれた者は、後には口入（くちいれ）の世話に掛けずに、年を重ねて同じ主人のところに、また来て使われるようになって得意場の関係を生じた。今一歩を進めると、給金を厚うして強いて引留められ、五年も七年も同じ家に奉公して、相応な貯蓄を腹巻に包んで、勇んで還って行く者が段々出来て来た。それを私は試みに越後（えちご）伝吉（でんきち）式移民と名けようとしているのである。

伝吉は家運の再興を一生の願（ねがい）としたために、江戸に出て余分の辛抱をしたように語り伝えられるが、しからば彼一人冬場奉公の古い型を破ったのかというと、事実はいくらでも今はその類を見るのである。町に馴染（なじみ）の深くなることも原因であろうが、根本は故郷に一人を欠くことを忍ぶよりも、さらに忍び難い生活上の必要があったか、もしくはこうして金を作って戻る方が、毎年帰って田の神、盆の仏を祭ってくれるよりも、なお有難いと思う者が多くなったからで、村の労力の方は実際は何とでも都合が付くらしいことは、現在北海の夏場稼ぎに、同じ地方から多くの若者が、群をなして出て行くのを見ても察せられる。

越後の伝吉は故郷に還って行く途（みち）で、測らず人の親切で助けられ、後に夫婦の縁を結んで、めでたしめでたしとなっているが、この点も最も小説的な一小部分を除けば、やはりある時代の事実上の伝吉が、普通の経歴の一つではなかったかと思う。武州・上州の北国筋の街道には、近世土着をしたという北国出身の商人が多い。それが大抵は国からすぐに来た者ではなく、江戸へ出稼ぎの帰り路に、何かの因縁と便宜とがあって、足を留めてしまった者だという話を聴いた。果してその通りか否かはなお確かめる必要があるが、とにかくにこの程度の江戸在住では、まだ配偶を求めて町人となるには足らず、さりとて生れ在所の方とはもう親しみが薄くなっている。すなわち機会は往々にしてその中間にあり得たのである。しかもその故郷の引寄せる力が、さらに今一層細くなると、後にはここまでも足が向いて来ず、気力ある者は進んで塩原の太助となろうとする。私は現今屈指の新富豪なるものが、揃いも揃って北国の土に産しているのを見て、自分の推測の必ずしも空でないことを感ずる者である。

八　半代出稼の悲哀

『家職要道』という書物には、商人となりたる子弟は、再び故郷に招くべからずという訓戒が見えている。招かれてのこのこと還って来るような子弟ならば、実はまだ商人にはなりきっていないので、その程度の者が特に農村に悪い感化を与えるという懸念があったのかも知れぬが、何にもせよ近代は還り得る機会が少なく、人は追々に故郷から招かれなくなった。還るというのはもとより時々の訪問ではない。今一度村の住民になることである。親が世を持っている間ならば、黙って元の通り子供の一人に算えられていればよいのだが、そうでない場合には第一に一つの地位を自分で見付けなければならぬ。以前は屋敷を持ち田畠を耕していることが、ほとんどただ一つの村民の地位であったが、今日では医者とか教員とか、小さな商業とかも独立して村に家庭を保持する足場にはなり得る。我々が期待しているごとく、もし将来の村組織が改めて完備するならば、縁故のある者が還って住むくらいの機会はいくらでも出来るはずであるが、現在はこの限りある地位の空いたものがない以上、たとえ錦を着て戻っても、やはり別荘人の懸離れた生活をせねばならぬ。そうでなければ誰かを押除ける結果となるゆえに、村では自然にあらかじめこれを拒もうとする態度を示すのである。

　冬場奉公人の近世の進化なども、やはり同じ傾向を他の側面から表現したものである。村の四周に少しでも切添の余地があり、親の苦労でまだ一戸の新屋が立てられるうちは、たとえ次男坊でもなるべくは年々戻って、村の農事に親しまんことを望むのが情である。土地が皆開かれてそれぞれ持主のある田畠になってしまうと、金を溜めてからでないと還って来ても仕方がない。その出稼が今ひときわ長くなれば、村の事情も自分の心持も、もうその間に変ってしまって、遊びによりほかは還られなくなるのである。夜逃駆落の後暗い人は別として、送られて村を出た者に還って来ようと思わぬ者は、元はほとんどなかったと言ってもよい。それが後々はこの結果が予想せられるゆえに、むしろ始めから本人の器量相応に、僧なり商人なりまた職人なりに、仕立てるつもりで村を出すこととなったのは、とにかくに思慮の進歩であって、もし失敗であったとしたら、それを経験として、さらにより善き道を捜すまでのことである。これを盲動と目して一括して警戒しようとするなどは、よっぽど農民の能力を見縊った話である。

いわゆる半代出稼の気風が、この久しい沿革に囚われた中途半端のものであることは、海外の移住についても我々はすでにこれを実験している。移民といいながらその実は送金を主たる目的とし、故郷で地主となりまた家を建て、銀行に貯蓄して喜ぶような人が多いのはそれである。内地の都市においても、いつまでも郷友会の先輩を自任し、そのくせ田舎へはどうしても還って住み得ない者が今なお長屋時代の腰掛気分で、平然として悪党原の市政を利用するのを坐視している。今のうちに心付いてこの紛乱した心理を整理することができたなら、自身ばかりか町と村と双方の居住者の、後の幸福を見出すことができると思う。

九　紹介せられざる労働

日本の都市の失業問題には、他国の知らぬような特殊の困難が附いてまわっている。労働組合のいかに練熟した統制法でも、始終田舎の剰った労力の、背後にその隙間を覗く者を防ぐことができぬ。農民がその祖先の本業を見棄る時、始めて大なる威力となるということは、いかにも不可解な変態には相違ないが、わが国では都市の労働者の大多数は、近頃別れて出た彼らの兄弟であって、もし短期間の教習を経たならば容易にその仲間に加わるだけの素質をもった者が、まだその故郷にもたくさんにいるのである。少なくとも今日結合によって、わずかに独占の実を収めている職業の中には、田舎者の取って代り得るものはいくらもあり、しかも村には他にこの力を利用すべき方法がまだ立っていない。同盟罷業の戦術がいつも奇襲でないと成功しないのは、田舎にこういう偶然なる資本家への後楯が控えているからである。

ところが政治家の中にはまるでこの事実を知らず、以前も都市に失業の叫びが高かった際に、彼らを帰農させたらどうかという意見を吐いた者があった。帰農ができるくらいなら、始めから町へは出て来ない。来ても椋鳥と共に春は還って行く。村の失業は目に立たなかったけれども、夙に手が剰ったからこそこうして町に出て、二度の苦しみをするのであった。また中央の職業紹介所では、地方庁に移牒してかの椋鳥の渡って来ぬように、御配慮相成度と依頼したこともあったが、これなどもまったくできない相談であった。いかなる村のどの種類の青年が、特に冬近くなって働きに出る必要を見るかということすら、地方庁には決して皆知られてはいない。ましてや彼らを制止するためには、出るに及ばぬという安心を与えなければならぬが、そのようの力は誰も持った者はいないのである。もし手軽に制止ができるものならば、今まで打棄てておく理由もなかった。何となれば村では事情の何にあるかを問わず、離村を衰微そのもののごとくに感じて、心配している人が有力者の中にいるからである。

もちろんこういう考え方は誤っている。いかなる時代においても、労力は常に農村の主要産物の一であった。それを賦役の形を以て徴発して濫費したか、もしくは無邪気な世間を知らぬ者の、棄売を待っていて安く使ったか、はたまたある一箇処に集積しておいて、これを一種の力に変化させたかは、利用者の都合によって一定はしなかったが、いまだかつてその供給を仰がずに、進歩したる社会もなく、建設せられたる文化もないのである。殊にわが国の農村労力には、誇るべきいくつかの特色があった。村の静思に養われた堅実なる社会法の承認、天然の豊富によって刺戟せられたる生産興味、それとは独立した精緻（せいち）なる感覚と敏活なる同化性のごときは、いずれも他の文明諸国のいわゆる不熟練労働者の間には、到底見出すことのできぬものである。独り都会がその輸入を塞（ふさ）がれたら、今でもたちまち老衰に陥るというのみでなく、農村自身もまたその年久しき相互の融通によって、始めて現在の繁栄まで、到達することができたのである。しかも移動の必要はさらに加わって、その自由さはかえって制限せられ、一度生れた土地を離れると、永く安住の道を失うかも知れぬようになって来たのである。できもしない抑圧手段に苦労する以前、まず働こうとする者の立場から、仕事の割振（わりふり）を考えてみる必要があったのである。

一〇　住所移転の自由不自由

昔は農民の居住自由が奪われていたという風に説いている学者は多いが、それがもし日本のことを言うのならば、私には一向心当りがない。戦国の兵乱の終りになって、一時農民の数の極度に減少していた頃、少しでも早く荒地を開き返す必要から、百姓駆落（かけおち）

をやかましく咎めた時代はあった。いわゆる人返しの約定を隣領との間に取交わして互いに遁込んだ農民を庇護せぬことを申し合せたのは、言わば新領主に対する反感を抑圧すべき共同の必要を感じていたからで、他の一面から見れば、当時いたって惨酷なる懲罰の、これを脅かしたものがあったにもかかわらず、なお居心地が悪ければ往々にして脱出を企つる百姓あり、一方にはまた喜んでこれを迎えんとする隣の領主があったことを想像してもよいのである。大抵の場合には駆落は未進を伴なっていた。これがもし租税を遁れる目的に供せられるようであったら、問題は威令の行われると否とより以上である。すなわち極力これを窮追して、見せしめのために厳罰を加えたのも、当時の事情としてはやむを得なかったので、それは単なる居住の拘束ではなかった。だから幕府領などの初期の法度書には、万一地頭代官の仕打に堪忍なり難き筋があるならば、年貢を皆済して後に心底を申立て、自由に立退くことは少しも曲事ではないともあるのである。

そうこうしているうちに、村にはやがて人間が一杯になった。いかに水呑でも家の数が増せば、若干の作り高を宛行わねばならぬ。耕地総面積が以前のままであっては、収穫のたやすく増加すべき理由はなく、夫食の入用ばかり多くなるゆえに、自然に困窮の者を生ずることは見え切ったことである。そこで山野に余地ある限り、盛んに新田畠を奨励した時代が続いている。新田百姓には地続きの村からばかり、移って来る者とは定まっていなかった。むしろ附近にまだ未開地のあるほどの村は、幾分か人の手の不足する村であった。やや大規模なる開発が行われる場合には招き寄せらるる者は必ずしも領内の農民だけではなかったのである。走り百姓引戻しの掟が、もうこの際には行われていなかったことは確かである。夜遁駆落の未進を残した者については、村が連帯してこれを弁うべき法規が設けられていた。彼らの作り高はその滞納を償い終るまで、村内総掛りを以てこれを耕作し、それから以後は誰なりとも、所望ある者に作らせよということになっていた。すなわち遁出すくらいな難渋な百姓ならば、かえって足手纏いに引留めても仕方がないというような考に、上も下も早くからなりきっていたのである。ましてや多くの兄弟があって、入聟奉公も共に望みでないという者が、外に出て新しい有附きを求めようとする場合に、それを禁止すべき必要があろうはずはなかった。何でまたこのような根拠もない昔語が、行われることになったものか。私にははなはだ合点がゆかない。

村から若者がどしどしと出て来なかったら、まず第一に大小数百の都市が、どうしてわずかな期間に半成にもせよ、これだけの形態を具えることができようか。町の旧家の栄枯盛衰は、少しく故事を知る者の歎息の種であるのに、次から次へ新たなる精力を以て、名をなし財を積む者が現れて活躍している。これがことごとく後代村からの移住者であったのである。京洛(きょうらく)千年の都ですらも、古い家の名を伝うる者はただわずかで、しかも田舎の血は間断なく流れ加わっている。地方地方の生産が都市によって代表せられたというのみでなく、地方人は都市を創立しかつ常にこれを改造していたのであった。ただしいかなるお世辞者(せじもの)でも、これを上手に出来ましたと褒(ほ)めることだけはむつかしい。またその事業が十分に自主であり、意識的であったとも認めることもできない。そうして年を経るままにいよいよ意気込(いきごみ)は衰え、いよいよ成行(なりゆき)に囚われてしまって、これを乱雑な始末の悪いものに、しかかっていることだけは拒むことができない。がそれも農民が土に縛られていたなどということを、平気で信ずるような人の多い世の中では、あるいは致し方のないことであったかも知れない。

第六章　水呑百姓の増加

一　分家は近代農村の慣習

村の生活不安の新しい一つの原因としては、むしろこの都会の吸収力、すなわち剰ろうとする地方の勤労をいくらでも誘致していた力が、その統御整理の不可能に基いて、夙にいったんの飽和点に達したということを挙げてよい。労働者の団結が始終外側の補充に脅かされて、その立場を安固ならしめ得ないような事実は、近頃になってようやく現われたとはいうものの、その傾向は少なくとも大都市にあっては、かなり以前からこれを認めることができたのであった。町の困窮にはどん底がますます深く、これを解脱するの策として、種々なる悪業が発明せられた。出ても難儀をするばかりだろうという懸念が、ある程度までは平和の離村を、抑制せんとする形は確かにあった。それが明治に入って忽然と再び移住の機会を激増し、ために一層第二の反動を痛烈ならしめんとしているだけである。

しかしそれよりもさらに有効なる一種の自制は、すでに農村の内においても始まっていたのであった。我々の農業の三百年の変遷に、一番大きな交渉をもっていたものは、土地相続制度の実際の推移であった。あるいはこれを制度と生活との折合と名づけてもよかったか知らぬが、とにかくに法規文書の表面を見て、それから時代の経済を説こうとする方法の安全でないことは、近世史の上ではおおよそ明かになって来る。つまり公けに予定せられた通りには、人が必ずしも活きて行こうとはしなかったのである。相続は殊に家々の事情が元であったためか、いつでも一足ずつ制度の方が後に下っている。令に私財の諸子分割を認めて、細かな処務の規定を設けてある際に、すでに家督を優勢ならしめんとするいろいろの慣例が始まっていたと同じく、長子を総領と呼び一跡と称する語はまだ行われているのに、もう分家が対立してこれと地位を競おうとするまでの力を養ったのであった。応仁の乱の時のような例外もあるが、大体からいうと武家が田舎に住み農を営んでいた間は、一族門党の結合が何よりも大切であったので、家の自衛のためには親子自然の愛情をも犠牲とするのを当然として、戦のない時にはその法則を、土地の経営の上にも適用していた。もちろん農法のこの家族制と調和するものが、古くからわが邦にはあったためでもあろうが、総領擁護の必要は主として武備の方から、特に痛切になって来たものと思われた。従うて外部の圧力が取れてしまうと、少しずつその統一が弛もうとしたのもまた自然であった。

だから武家では上下を一貫して、最後まで厳重に家督の制を保守したにもかかわらず、農家では追々産業を分割して、次男三男にも幾分の独立を認め、小さな長百姓の数が殖えて行く一方であった。分家・新屋は新しい社会の流行であって、以前はただ懸離れた土地を拓く場合に、大きな家を二つにする習いであったものが、いつの間にか村内の軒並びに、勢力相競うまでの兄弟の家を建てることになった。あるいは統御の便利のために、または課役取立の都合から、少しは支配者のこれを奨励した例もあったのではないかと思う。

二　家の愛から子の愛へ

家門の誇りと骨肉の至情とが、内に闘わねばならぬ場合も多かったことと思われる。村に某といわれるほどの格式を維持するには、それに相当するだけの田を持ち人を使っている必要はあるのだが、さりとて親の代には花よ玉よと愛せられた末の児が、後に下って下人の上席に坐らせられることを、想像するのも辛いことであった。家を重んずる気風はもとより一朝にして衰えはしなかったが、実は農民は最初に弓矢・鑓・太刀を棄て、次には系図の断念を強いられた者の末であった。安泰を主として祖先の地を守るべく、いわゆる引込思案に指導せられた人々としては、個人の情愛の当座に動くことを、制し得なかったのも、また同情すべき理由はある。そこで隠居分・後家免を控えて、残りの子を連れて外に出ると、自然にその家のみは家来筋ではなくなる。次にはまた次男以下に分けてやる物を、親たちが前から苦労をして、少しでも多くしようとするようにもなった。今でも見苦しい身内の争いが、村の道義心を動揺させている原因は、言わばこの相容れざる二つの傾向が、まだ明かには制度を以て、適当なる区分を付けられていなかったお蔭である。

日本の民法では、いとも冷酷に無視せられているが、長女に家を嗣がせようとする慣習は弘い地域にわたって行われていた。これには必ず古くからの理由もあったことと思うが、戸主が早期の助手・副将を必要とすることは、農業においても変りはなかった。一方にはこのために養子の風がいつまでも盛んで、剰った子供を遠方へ出さずに済んだのはよいが、財産の分配が一段と面倒になり、殊にまた分家を太らせる原因にもなった。

一戸二十石(こく)という類の行政上の制限は設けられても、それは単に普通の百姓の、わずかに独立し得る境を示したに止(とど)まり、大きな農家の代を重ぬるごとに、割れて追々にその程度まで小さくなって行くことを、防止する力などはちっともなかった。村の農法はこれに伴うて当然に変化せざるを得なかったのであるが、その点は何人(なんびと)もまだ考えてみようとした者がない。

心ある旧家の主人などの、家を守りつつ諸子をそれぞれに片付けて行くことは、一通りの苦労ではなかったらしい。気象の強く潔い者は、武家の奉公を心掛けさせる。学問算筆が好きとあれば、寺へも入れまた町方に送り出すことも考えるが、中には実体(じってい)で遠慮深く、農家の主人にしか向かぬという者も、次三男の中には多かったはずで、それが一番よく親に似ているとか、または継母(けいぼ)の生みの子であるとかいう場合に、できるだけ眼近くその繁栄を見て死にたいと、願わぬ者はなかったはずである。最も心安い方法は新田(しんでん)の興立、これには奨励がなくても誰でもまず目を着けた。村の人口増加は常に敏活にこの方面に結果を表した。その次には今ならば果樹・養蚕その他何か主作に喰込(くいこ)まぬ種類の、新しい生産を見付けてやるところであるが、元は食料以外の農業には一般の同情が得られなかった。酒・酢・醬油(しょうゆ)・種油のごときは、いずれも近世になっての商品であるにもかかわらず、その製造が一時多くの村々に併発したのは、要するに新に家産を分立すべく、発明せられたる方法の一つであったが、それには弊害がありかつ久しくは行われなかった。養子・入聟は上下に行亘って、縁故と釣合との許す限り、ほとんど極度にまでこの目的に利用せられたが、それも人間が村風の束縛に、従順であることを条件としたものであり、また資力の少い人たちは、自然にその機会も乏しかった。働き一つで身のよすがを求めんとする者が、ふらりと町に出てみたのもこの事情からであるが、それは年長じて自分で思案をするようになってから後のことであった。親の身として考えておく段になると、今少しく手近な幸福に目を著ける。百姓年季奉公の近世非常に盛んになっていたのは、私にはこれが主要なる理由であったように考えられる。

三　下人は家の子

いわゆる下人が農業労働の真の主体であったことは、中世以前も恐くは変りはないのであるが、その構成は時と共に改まって来ている。古い農村の下人は主として一族であった。人はあまりにも容易に農奴の浅ましい生活を想像しようとするけれども、それが全体の農作を支持したほど、多分の供給を見た時代は考えられぬのみならず、それでは他の多数の常民が、何をしていたかを説明することもできない。一生身を売って異姓の戸に編入せられた者は、なるほど確かにいたことはいたが、それが家族の内の働くべき者と、どれだけ自由さの相異をもっていたかは、今少し調べてみなければよく分らぬので、その上いわゆる買得奴婢(ばいとくぬひ)は、数もまたいたって少かったのである。主従関係の思想には明かに近世の変化がある。その上に外国文字の対訳も、また我々の考え方を誤らせているかと思う。

ヤッコの意味はもと「家の子」も同じことで、単に家にいて働く人々というまでの語である。現に土地によっては今でも家の青年をそう呼び、あるいは厄介などという無理な字を書いて、同居者という語に使っていた人もある。家の子の子はすなわち労働単位、これを統括し指揮する者が親方であった。今では本物の親よりも、かえって長男のことをオヤカタと呼ぶ方言が弘く知られているのは、つまりは総領が事実において、夙(つと)に労働長の権能を行っていた名残であった。都市においては親方子方の語が、ほぼ同じ関係に今もなお用いられている。いたって簡単な何でもない事実のようだが、これ一つでも我々の共同作業が、昔はどんな形で成立っていたかを考えることができる。すなわち今日の親と子の家庭が始まるよりも前から、子らの間にはオヤというただ一つの中心があったので、それが血縁と年順とを以て定まっていたために、後自然に今日の親子の意味に、限られるようになって来たのである。日本の農村の半分以上では、今でも弘く親類のことをオヤコといっているのだが、もし以前の労働団体の、現在より遥かに強大なものであったことを考えなかったら、これなどはただの田舎者の誤謬として、笑ってしまう人がきっと多いであろう。

　農家の労働者が主として末々の親類であったことは、今日稀に残っている山中の大家族、例えば美作で七子持屋といい、飛騨の白川で五階作りの藁家に住む類の人を訪ねるか、そうでなければわずかに存する上代の戸籍でも見るの他はないのであるが、武家の方では系図にたくさんの証拠がある。すなわち新たに崛起した少数の大名を除けば、その他は大抵の家の子郎党の先祖は、これを主家の系譜の中から見出すことができる。関東では武田・三浦・児玉・那須を始めとして、多くの旧家の一門は必ず附近の新地を開いて、別の名字を名乗りつつなお本家に仕えていたので、殊にこの関係はよく解るが、仮に独立の在名を名乗り得ない場合でも、古い同苗は皆単純なる家隷になっていて、新しい御分家とは格段の差等があった。それは古くなったから粗末にし始めたのでなく、いわゆる庶流を遇するの途が、まったく中頃から変化したためである。兄弟が家を分って農業を独立して営むようになると、譜第の下人は減じて行くを免れぬ。それで追々に外部の別家族からこれを補充して行く必要が生じたのであるが、もうこの時代には行政の干渉があって、永代の身売を禁じていた。それで新たに年季奉公の慣行を、農家でも採用しなければならなかったのである。

四　年季奉公の流行

奉公は使われる者の家庭から見ると、これも一種の分家方法に相違ないのだが、一枚の田もくれずに子供を村から外へ出すことを、昔の農民は分家とはいわなかった。そうして売るという語をあまりに無造作に使っていた。田を何年かの間人に作らせることを売るといったのは、つまりは年々の作りを売っただけであるが、それと同じようにある期間の労力を、他人に指揮せしめることをも身売などといったために、折々喫驚する人が外国人以外にもあるらしいが、地方によっては同じ少年の委託のことを、今でも「子に遣る」といっている者が多いのである。いわゆる身の代は約束を固める意味で、ぜひとも少しばかりの物を渡そうとする風はあったが、もちろん縞の財布の五十両などを想像してはいけない。幕府領でも他の多くの藩でも、年季の終りを二十五歳までと、限定していた例は少なくない。見習いのためには、年若な頃から、置いて使おうとするのが普通であったから、給金というものはそうたくさんを計算し得られなかった。少しく世の中が悪いとただでよいから養ってくれと頼む者が多くなり、なお不幸な人々は慈愛のありそうな門に棄児をした。日本の棄児は無条件に小児を委託する一つの方式のようなもので、今でも県によっては盛んに行われている。親が物陰に隠れて拾い上げられるのを見ており、誰も拾ってくれぬと今夜は連れて帰るというようなのも話ではなかった。それを刑法で委棄罪と差別しないのは、やはりまた概念に囚われた考で、かえって貰い子殺しの悲話を数多くした形があるが、その点までこのついでを以て説こうとすることは脱線であろう。

とにかくに農家の年季奉公には、現在やや古風な町の商人・職人の間に行われているものと、全然同じ形の附帯義務があった。かねて定めの年季が終りになると、家を持たせまた女房の世話をして、ほんのわずかの作り高を下請させ、これを永代の子方とすること、これが最初からの双方の合意であった。今日の作男の信用を受けて重年する者とは、いかに外観において似ていようとも、この肝要な一点が違っている。都市がこの慣習を郷里から運んで来たことは、誰の目にも明白であるにかかわらず、すでに本元においては絶えてしまって、かえって出店ばかりにやや残っているということは考えさせられる。つまりはある時代には確に義務であったものが、もはや権利とすらも認められぬようになってしまったので、そうなった理由はいやしくもこの問題に携わろうとする者が、到底無視して過ぐることのできぬものである。

日本のごとく人の素性を区別したがる国でも、さすがにまだ小作人の元祖ばかりは別階級であるとはいわない。水呑百姓は帰化人の末だとも思っていない。単に通例の農民の貧乏し零落して、水しか呑めない境遇に陥ったものくらいに考えようとしている。果してそのような雑然たる原因を以てわずかに百五十年か二百年の期間に、全国一様にこれだけ多くの小作人が出来上がるものかどうか。また果して旧家が零落した場合に、甘んじて小作の地位に入り得るものかどうか。こちらは実例を検してみればすぐにわかることである。しかるにいまだ不安の根源をも知り得ざる人に、その救治法を託せんとしていることは、国民としてははなはだ無頓着に過ぎはしまいかと思う。

五　いわゆる温情主義の基礎

けだし子の愛は至情であり、均分もまた正義ではあったが、その適用を誤ればそれさえもなお不幸の種になったのである。多くの農民が家に持伝えた田地は、始(はじめ)から決して広々としたものではなかった。かなり簡素な生活をただ欠乏なく、働く人々に保障したというのみであった。主人自らが田の畔(くろ)に臨まずして、経営し得るほどの農場といえば、貴人と社寺に属するわずかの数に限られ、武士も在所に住む間は親方として農具を手にしていた。それが弓矢を棄て専門の農民になれば、さまで総領を重んずるの要なしとして、代ごとに少しずつその田を分けて、タワケという語はこれに基くなどと、いう者を生ずるまでになった。そうしていよいよ何としても分けられなくなって、始めて次男以下の農事に愛着する者を、よその農家のやや大なる者に、年季奉公に入れて有附(ありつ)かせんとしたのである。

だから小前(こまえ)と称する最小の自作農と、小作農との間には堺(さかい)の線もなかったのである。豊作の年には一方がやや楽しみが多い代りに、不作の年といえば他の一方が遥かに安全でもあった。地主が定免(じょうめん)すなわち定額の地租を払いながら、内には見取を以て小作料を減収したことを、何か一つの功績のごとくに考えていることは、歴史上の根拠だけはあることであった。現在はもはや責任もなくなったが、元は少なくとも餓死だけはさせぬこと、これが地親(じおや)の暗黙の約諾(やくだく)であって、貧しき年季奉公人の親々は、それをせめてもの心の慰めとしていた。あるいは庭子・抱え百姓を飢えさせることを、家の外聞として恥じる感じもあったかと思う。信州伊那谷の親方衆の中には、つい近年まで凶年用意の籾倉を持っていた者を私も知っている。小さな長百姓などは消費こそ自由であっても、銘々の覚悟が悪いとこういう不作の際に必ず難渋する。そうしてその境遇はむしろ小作人よりも動揺しやすかったのである。

近年よく用いられた温情主義という語は、確か床次竹二郎氏などが唱え始めた語のように記憶するが、実に気の毒なほど不精確な新語であった。温情事実といったらあるいはまだすこしは当っていたかも知れない。何かは知らず年取った小作人の中に、不平は抱きつつも背いてしまわれぬような義理を感ずる者がある。すなわち以前の庇護を今もなお記憶しているのである。地親の側にも酒を呑ませたり、小作米に賞品を附けたりする以外は、何か今少しく優越を自得してもいい理由があるようには感じているが、しからば何であるかというと説くことができない。すなわちこれもまた古くからの関係、かつて存在した経済利害の共通が主であって、今はもう再びそれを恢復することがすこぶる困難になってしまったのである。ましてや新たに耕地を買入れて会社などを立てている者が、時々損料屋の亭主が景品を出す類のことをして、それを温情主義と名乗るに至っては、誇張どころか見当もまた外れている。

六　地主手作の縮小

年季奉公人が段々に今の小作人に進化した径路には、地主手作の衰頽ということが、最も大なる交渉をもっている。最初下人の大部分がいわゆる譜第の者で、たとえ便宜の上から町家の通い番頭のごとき別居をしていようとも、妻も子も共々御家の会計において、生活しかつ働いていた間は、村にある持地は全部これを直営することも不可能ではなかった。手作を意味する佃御正作などという語は、そんな場合には発生する余地もないわけであるが、事実労働者の家まわりの畠などは私作させたほかに、谷の入り、岡の蔭、川の向うなどにわずかある田は、監督もむつかしいから一人に請負わしめたという例は稀でなかったろう。今日でも作男のためにシンガイ田またはホリ田などと称して、励みに少しずつ小遣取りの田を作らせる慣習は残っている。この場合にも地租諸掛りはもちろん彼に負担させる。中にはそれを大積りして、半分とか四割五分とかをまず取って、残りを当人の所得にする家もある。初期の請作も大抵は斯様なもので、もとよりこれによって請作人の生計を自立させる趣旨はなかったと思う。

それが奉公に年季を切って、後は控え百姓の比較的自由な暮しをさせることになると共にこの請負作の面積がやや多くなり、親方直営の区域を縮小する傾向の、現われたことは事実である。この二つの事実はいずれが原因、いずれが結果であったかは決しにくい。いわゆるオヤコの関係は結んだというものの、新たに他家から来た者でほかに縁者も多く、今まで一家・竈譜第の者に対した通りに、心を許すこともできないところから、なるべく煩わしい指揮監督を不要にせんとしたものか。ただしはまた銘々の楽しみ作りを多くしてやらぬと、落付いて年季を勤めようという張合いがなかったためか。ただしはある程度までの保護の責任を軽めようと試みたものか。はたまた反対に手作の必要が以前よりも少なくなって、残りの田を幸いに年季奉公の志望者に、後になって分けて作らせる計画を立てたものか。恐らくは諸種の事情が皆参加して、次第に今日のごとき冷淡なる土地貸借関係にまで、進んで来る素地を作ったのではないかと思う。

全体に家族の員数の、少しずつ減少して行く時代であった。稀には東北地方などになお痕跡を留めているが、以前は長者の豪富を耀かすべき、ほとんどただ一つの目標は台所の滅法に大きなことで、糠森・箸塚・米白川の伝説などは、ことごとくそれと結び付けて想像せられていた。数十百人の男女は笑いさざめいて夜業を執り、また面白い話や歌を持つたくさんの旅人をそこに宿貸した。彼らを養うだけの穀物は必ず家の田から作らねばならぬが、同時にそれ以上の物は税と少しの交易用以外に、余分を積貯える必要もなかったのである。家が次々に分れて行く時に、本家の広敷も往々もて余すほど淋しくなったが、新たに分立した長百姓の家に至っては、始からこういう大規模の設計に倣おうとはしなかった。すなわち手作を門前便宜の田に限って、少ない家族の入用を足すだけを以て、満足しようとした所以である。しかしこれがために土地に対する今までの勢力を抛棄したものではもちろんなかった。同じ自作の一町二町でも、それだけしか持っていない小地主と、他に多くの作り高を請負わせておく大家とは、村内交際のあらゆる便宜以外に、農法の上においても早著しい相異があった。田植・麦苅のごとき外の労力を以て補充すべき作業などは、二者全然その様式が別であった。その外部からの労力補給を、普通の長百姓以下小前の者、あるいは小作人相互の間においてはユイといっていた。そうして大家・親方衆に向っては、別にコウリョクなどという名称が行われていたのである。コウリョクはすなわち合力である。土地によっては昔からの用語のままに、独り大地主の田の業を手伝う場合のみを、田人ともまた早乙女とも呼んでいる者があった。これが最も古風なる日本の農業の要件であったからである。

七　農作業の繁閑調節

これは村に住む実際家に向っては、ほとんど説明の必要もない話であるが、農業ほど仕事の割振のむつかしい生産は他にはない。いかに田畠多種多様の作物を組合せてみても、一年の最も忙しい時期は常に春夏の境に集注する。わが邦の古い暦では、卯月八日がトシというものの変り目であったかと思われるが、それからわずか二月ばかりの間に、一季の農事の半分は片付けなければならぬ。その際入用なだけの労働をかねて備えておくことにすると、他の多くの月は遊んでいなければならぬ人を生ずる。そうして人が遊んでいてよい時代はもう過去になった。この隙間を塞ぐためには、今までも幾多の苦労を重ねているのである。

西洋では田植がないので、播き時が比較的閑であった。労力需要の絶頂は秋の苅入れで、この時には町から人を呼ぶ習わしさえあった。ゆえにその前後に入用な労力を、省略する機械器具を発明すれば、それだけは一家の作付・反別を増すこともできる。日本でもこれを真似たか、稲扱・籾摺のいろいろな発明を持込むが、それでは一層田植の頃の忙しさをえらくするのみで、農場拡張の便宜にはならぬ。実際また拡張したくともその方法がないから、まだ何人も直接の苦しみには出逢うまいが、いくら忙しいようでも一年間を見渡すと、仕事がただ一時に込合う形になっているだけで、むしろ以前よりも大きな農業をすることがさらに困難になっているのである。

養蚕・桑畠の世話などの、重なり合う土地は言うまでもない。そうでなくとも改良農事なるものは、多くは田植時の人の手間を多く取るようなものばかりで、この季節には節約の手段がはなはだ乏しい。その上に市場の要求から、なるべく稲の品種を揃えようとするので、いよいよ植付の期間が短くなり、隣を助けに行く余裕がなくなった。以前はこれに反して在所ごとに、時によると重立った農家ごとに、わざと苗取の頃合を喰違わせて、結の往来の便利を図っていた。結の作業法の能率は、決して単純なる加え算の問題ではなかった。若い男女には群と規律とが、愉快なる興奮を与える以上に、半分しか気心を知らぬ親類や隣の者の、互に相手の思わくを恥じて、晴の仕事場で後れを取るまいとする心持が、四人で七日の田を十人で二日に植えさせた。今年の花嫁が試みられるのもこの時なれば、物数の少ない若い娘の、気性と働きぶりとを見出されるのもこの時であった。あれなら他人の中へ遣っても泣かされるようなことはあるまいと、親や叔父叔母も安心すれば、そんな様子を見ていて青年は懸想した。そうしてまたこの方法が十分に行われなかったら、到底親子夫婦ぐらいの簡単な家庭で、手一杯の百姓をする望みがなく、他の一年の半分を優長でもなく遊び暮すような、細小農を以て甘んずるの他はなかった。こういういろいろの意味のある村の農法を考えもせずに、政府が個人主義の改良に力を注いだことは、何と弁護しても失敗であったが、他の一方に親方衆の直営農業は、まだそれよりも一層早くから、もっと思い切りよく廃絶に帰していたのである。

八　大田植の光景

いわゆる大田植（おおたうえ）の方式だけは、まだ中国地方の山村に残っているというが、それを経済的に再興する見込はもう立たない。地主が農業者でないという議論をするならば、溯（さかのぼ）ってこの大田植を中止した時から起算しなければならぬのである。米を重んじた日本の農村において、この一年内の最も激しい力闘、人の精気の一番に集注せらるべき作業が、祭や盆の歌踊よりも、さらに複雑なる両方面の興味をもっていたことは当り前で、それが絶えたということは大変化と認めてよい。独り民謡詩人や尚古（しょうこ）趣味家のみに、その回顧を一任するわけには行くまいと思う。

大田植の親方はもちろん地主彼自身で、それをば田主（たぬし）殿といった。悠紀（ゆき）・主基（すき）の斎田（さいでん）

は大田と呼ばれるゆえに、すなわち大田主の名があるのである。田主を地方によってはまたタアルジと呼ぶところもあった。多くの田植唄にはそれを誤って、太郎次殿などと今は歌っている。太郎次の息子娘、花嫁などもよく田歌の中に、美しくまたなつかしく詠歎せられている。歌には太鼓・笛があり、また音頭取の声佳き者を選任し、ツケと称して早乙女の一斉にこれに附和する声は、森を揺がしまた遠近の岡に反響した。朝のはかには露や草の花、山の姿や空飛ぶ鳥の風情などを歌い、それから神降しになって田の神の神徳を叙述し讃歎する。昼には昼間持またはオナリと称する女が、美しく取粧うて食物を運んで来ると、ひとしきりはまたその艶かしい姿を誇張した歌が行われる。オナリは前代の記録には養女とも書いてあって、この日の田祭の重要なる役人になっている。午後の休がすむと再びさざめいて田に下り、今年もよく稔って倉に溢れよという類の祝歌になるのであるが、さすがに日が傾く頃には疲れ切って、腰の痛さとか日が永いとかいう文句が多くなる。

　あがれとおしゃれ田ぬし殿
　人は一度で懲らさぬものよ

こういう風な言葉までが、田植唄ならば許されていた。しかし本当のところははかの行くのはこの刻限であって、その緊張をおどけた人をからかうような詞を以て、才覚ある音頭取が笑わせつつ刺戟していたのであった。毎年の行事ながら戦争よりもなお苦しく、しかも昂奮の興味においては、それよりも遥かに純であるものを、昔の農民は誰彼となく皆この大田植において経験したので、苗打ちの小さな役を与えられている小野郎から、畦に花を摘んで遊んでいるくらいの小娘までが、これを眺めて皆青年になる日を待兼ねるような教育であった。

因幡の湖山長者などは千町の田を一日に栽える誇りを伝えていた。ある年山猿が子を負うて出て来たのを見て、何万の田人がほんの一時の間手を止めて振向いたら、もうその日の田を栽え終ることがむつかしくなった。それを悲しんで黄金の扇を開き、入日を招き返したために天の罰を受けて、たちまち千町歩の美田が陥没して湖水になってしまった。これが今日の湖山の池の伝説である。伝説ではあるがその物語の発達すべき径路はあった。大小の田主はいずれも合力の約束を利用して、その田を一日に植終りたいという念願は持っていた。もとよりたくさんの名誉心がこの希望の上には働いている。単なる経済の理法だけからは説明することができぬが、とにかくに権勢ある家々の農場だけは、今の農民の想像もできぬような花々しい活気を以て、これを経営して行く必要はあったので、それがまた我々の祖先の、村に住む一つの幸福でもあった。

九　多くの貧民を要した大農

こういう一時的な労力の大きな需要がなかったならば今の不完全なる小作農を、存立せしめる必要もないわけであった。いずれの国でも米国式機械の発明せられるまでは、大農は皆この労力の問題に弱っていた。苅入の季節に入用なだけの人の手を、常から附近の地に備えておくとすれば、平日は彼らの衣食の路(みち)がない。さりとて遠方から臨時の人を呼ぼうとすれば、宿舎風紀の点ばかりか、契約の上にも不安心なことが多い。都市に工業がやや起るに及んで、外部の供給は殊に頼みにならず、大農はまず危険を感じて、土地利用の方法を改めんとしたのであった。日本では田植というさらに気ぜわしない季節があって、婦女老幼の全部を催しても、なおこの不権衡を均平ならしむるを得なかったのである。しかし日本で地主が漸(ぜん)を以て直営をやめようとした最初の動機が、この臨時労働の供給の困難に基いていないことは明かである。わが邦においてはいまだ田植の人の手が足らぬまでに、農村の淋しくなった時代はないからである。

村には容易なる労力の供給が常にあった。独り旧五月の最多忙の時のみならず、苅入・畠作の折々の仕事でも、招けば直ちに来る者がその周囲に貧しく住んでいた。その労働のどれだけの部分が、小作の条件として無料に徴収せられていたかは土地によって必ずしも一様でなかった。例えば気仙の大島などにおいては、田でも畠でも以前の下作人がやって来て一切の労務に服し、主人夫婦はただ倉庫の鍵を掌って、収穫物の出納を見ていればよいことになっている。そうかと思うと一年何十日と定めて、当人らの便宜の日に来て働けばよいことになって、これに名ばかりの給料を払っている例も東北にはある。いずれも地方の在来の慣習が基準であって、通則はただ地主の農業を円滑に行われしむべく、一定の労務を提供するということが、小作の条件となっていただけのことかと思う。

田植と苅入との年に幾日かが、無賃ということになっていた例は多い。しかし有賃と無賃との相違は、以前はさまで重要のものではなかった。無賃の合力を待つような一日は、大抵は豊富なる食物と酒とがあって、抱え百姓は家族まで連立って来てその馳走に参与する。賃銀があったにしても大方は家限りの、かつ以前から定まったものが多く、せいぜいその日の食料の全部であったからである。しかもその日雇の日の少しでも頻繁ならんことを、期待せねばならぬような小作人の生活であった。小作の作り高のみで全家が働き得られ、その収穫が一年の生存に足りるということは、最初から双方の予想していたところではないのであった。簡単にいうと、外部の事情が要求したからでもあるが、日本の地主たちはその生活の便宜のために、いつも必要以上の水呑を取立てようとした形があった。人の手ばかり多い国の昔からの習いとして、その最も豊富なるものを濫用したのはやむを得ないことであった。そうして言わば貧民を必要とすべき農業を続けようとしたのであった。この状態をもし維持しなければならぬとしたら、悲しいことながら永く小農の極度の節倹を以て、村の当然の道徳と主張するの他はなかったのである。

一〇　親方制度の崩壊

地主手作の廃止は近代に入って始めて完結したが、その傾向は遠く江戸時代の中頃に萌し、彼らの働かずともなお農民なりという世にも珍らしい感覚は、かなり久しい年月を以て養い上げたものである。回顧者の遠目を以て見れば、江戸期はただ単調なる三百年のごとくに思われるか知らぬが、実はその外観の太平無事が、特に今日の新傾向を根強いものにしたのである。原因は算え立てればいくつとなくあるけれども、ここにはただ重要な二つを挙げておく。第一には商人地主なるものの発生である。簡単なる二年三年で終る小開発が一通り済むと、次には広い面積の大土工を待って美田となるべきものの、残っているのが眼に著(つ)いて来る。資本といったところが永い間の飯米のみであるが、これに伴う忍耐と冒険とは、堅実自重を旨とする村の住民の堪えるところでないゆえに、かつては藩主が国役(くにやく)を以てこれを試みた例もあり、あるいは民間の一手願人(いってねがいにん)の出現を便としたのであった。越後・津軽等の大なる平野の他に、西部の埋立新田にもこの形式を採り、初期免減税の特典を以て、外部資本家の開墾投資を誘致した例がたくさんある。これらの新地主は最初から手作の考は持たなかった。そうして小作米と年貢米との差額を売って生計を立てる方法を案出しかつ流行させたのである。しかし租率の元から高かった本田(ほんでん)の持主までが、この法を採用しようということは実は必ずしも容易ではなかった。

　第二の原因としては、年季奉公人養成の困難ということがあった。手作農事の中堅と頼むべき忠実なる使用人は、もちろん譜第の下人に勝る者はないのだが、彼らは最初に出て家を持ち、比較的好条件の小作人になっている。持地がなお存して次々の門百姓(かどびゃくしょう)を取立て得る見込のあるうちは、その日を楽しみに来て辛抱する年季の若者もあったが、代を重ぬると共にようやくその余裕が尽きて、後には単に給金を目途とする雇人を、やや長期に契約するのみとなり、たとえ婚姻の世話はしても家をやってその生計の保障まですることは望み難く、いきおい監督の面倒な、交渉の累わしい農業になってしまうので、全然自作をやめぬまでも糯田とか瓜畠とかのわずかな自家用を限度とし、後には飯料さえも小作人の作ったもので、間に合せようとする農家が出来上がるのである。

小作約定は当然に改訂を受けなければならなかった。年に二十五日、田植に五日という類の合力は無用になり、それだけは逆に産物を以て親方へ取ることになった。貸地が収入の事業に変化したのも、実はこの時が境であった。直営のなお盛んな時代には、これは屋敷の給与と同じく、単なる労賃支払の一方法に過ぎなかったものが、今はかえって給付を彼に仰ぐことになった。そうして理論からいえば廃止した地主手作の面積だけは、これを在来の請負人に割振ってちょうどよいわけであるが、それも漸を追うて最後の年季奉公人に分けてやったために、結局全部の小百姓たちは、いずれも以前通りの足らぬ作り高を持ったままで、以前旦那の田に来て働いた部分だけ、外の仕事が縮小したことになった。その上に副業だか兼業だか知らぬが、以前あったわずかなる添挊は、なくなる一方で増したものは一つもない。小作料でも安くしてもらおうと思っても、その要求を支持し得るだけの材料というものを持合せない。しかも地方の労働市場にわずかでも動揺が現われて、小作人の転業しようという者が少しでもあると、早くもその変化を以て衰微の兆と感じて、離村は村の安寧を傷つける所業ででもあるかのごとく、戒めまたは制止するような先輩が、内にも外にもたくさんに出来ていたのである。

第七章　小作問題の前途

一　地租条例による小農の分裂

前に長百姓（おさひゃくしょう）といった私の語（ことば）が、何だか耳馴（みみな）れぬ感じを読者に与えるのは理由がある。すなわち彼らの境涯もまた時世につれて、すでに何度ともなき変易（へんえき）を経ているからである。いわゆる自作農創設の声が新たに起ることになると、改めて一応その沿革を明（あきら）かにし、小作人と比較してその将来の希望が、いずれの辺にあるかを考えてみる必要がある。

かつて彼らが農村社会の中枢を形づくっていた時代は確かにあった。それは彼らの首班を占めている門閥（もんばつ）富豪が、突如として士農の分岐点に立って、苦悩し始めてより後のことであった。戦場の功名出世を最も早く断念して、村の良民とならんことを覚悟したのは、この中流の自作農家であった。地頭が村を去りもしくは新領主より圧抑（あつよく）せられた場合において、一種の共和制を以（もっ）て年行事を互選し、あるいは総代・年寄等の名を以て、一村の事務を経理したのも彼らであり、また往々にして衆議を背景として、代官の専横と庄屋肝煎の優柔に抗争したのもこの人々であった。利害の係るところ、村を愛すという人々は当然にこの中から現れなければならなかったのである。

もとより長者の大田植の盛観はなかったけれども、彼らもおのおのその分際に応じて、下人を率いて独立の共同耕作を営んでいた。それが分家の風のやや盛んなるに及んで、まずその家族と農場との規模を限定して、結以外の外部労力は頼まぬこととなり、後にはさらに持地を細分して、五反八反の小自作農を増加することになった。その中でも本家はなお伝統の誇りを持ち、頭名などと称して祭や寄合の座席を争ったものであったが、それすらも後には譲渡しまた分割して、記憶は久しからずして混乱してしまった。

藩によっては村人口の統計に水呑と本百姓とを区別したものも多い。以前下人の介抱せられて小作人になった時節には、二者はなるほど格式の段ちがいでもあった。しかし年季奉公人となると大抵は本百姓の仲間から出ている。それが他家の控え百姓になったとても、自分らとの対等関係に変りはなかった。のみならず本百姓の最も小さな者に至っては、貧乏の状においてすこしでも元は小作人と異なるところがなかった。単に年貢を地親の手を通して出すか、直接運び込むかの違いがあるだけで、後の残りの足りないことは御同様であり、むしろ心細い御直参が、大家の又者を羨むと同じような場合さえ多かった。ゆえに互に境遇を理解すという以上に、ほとんど同一の境遇と言われても、怪しむ者はなかったくらいである。しかるに一朝地租条例が全国に布かれ、米を売ってその代金の中から、金銭を以て年貢を払うことになると、もはやこの二種の農民は同階級ではなくなった。彼らは今まで例もないほどの無関心を以て、互いに相手の憂苦を眺めようとするのみならず、世間はまた往々にして一方を問題とし、他の一方を解決とさえ考えつつあるのである。かくして農村が二組の小さきものに別れて、一つ流れの繁栄に向うことを、期待し得る理由はないわけであるが、それを三十五箇年後に二割の面積まで、一方を少なく他の一方を多くすることを以て我慢せしめようとするのが最近のいわゆる自作農案である。

二　小作料と年貢米

日本の小作制度の歴史としては、実際これ以上の激変はなかったといってよいが、不思議に今まではこの点に一顧を払う者がなかった。我々の小作料は、俗言では年貢米というのが普通である。地主はもとより年貢を取る人ではなかったから、年貢米はすなわち年貢として納める米という意味に過ぎなかった。現行の苅分分納法の根底には、いわゆる五公五民等の高い取箇というものがあったのである。掟米の掟という語も、「所定の地租額」のことであった。もちろん地主は夙に手作を廃して、田植その他の夫役を報酬に取る必要はなくなっているから、その分を年貢米の上に懸けるのは当然のことであろうが、それには別にまた込米・口米等の名目が立っていた。中国西部では小作料をまた加徴ともいっている。加徴はすなわち附加徴収で、以前の地主得分はこれであった。今ならばそればかりの上米だけでは貸さぬと言ってよいが、以前の請負耕作では地主の報酬は別にあり、土地からはただ公課を安全に負担してもらえば、それで満足していた時代は久しかったのである。私の知る限りにおいては、沖縄県の小作は今でもこの形で、従って不在者が親近故旧に委託する以外に、収入の目的で田を人に貸そうとしても望み手がない。大分県海部地方の畠場においても、小作料はただ公課の負担を限度としている。作らなければ荒れて山野に復るがゆえに、持主はこの無料管理を以て甘んじていたのである。

　地租が金納に改まった当座の間は、新田場以外にはまだこれに近い考を持つ地主が多かった。作らせてやることは好意であって、大小の差はあるが将軍家が諸侯を封ずるのと同様の恩恵なるがゆえに、請作者はすなわち下風に立ったのであった。あるいは売って地租を払って年貢米のなお残ることはあっても、それは定免の常の結果で、石代廉なる年の不足を償うべき保険のごときものと思っていたかも知れぬ。ところが石代は追々に登る一方であった。後に何度かの租率引上があり、附加税はとみに増加し、かつ所得税も新たに課せられても、なおいわゆる年貢米は、過半地主の所得に帰して、従うて彼を最も大なる米主としたのであった。土地兼併は始めて利益ある事業となり、田地投資者はしきりに米穀の市場を統御せんとする野望を抱き出した。都市気風の農村浸潤は、これが一番大なる水口であった。

　小作人は最近ようやくにしてこの事実に心付き、これを理由としてしきりにいわゆる年貢米の低下を迫ろうとしている。しかし歴史が現在の契約を左右する力のないことは、何と言ったところでこれを認めなければならぬ。昔はそうかも知らぬが今はそうでない。借りようという者があるゆえにこれで貸しただけで、隠したのでも欺いたのでもない。借りるのが損ならば自分も所有権者となり、米価騰貴の利得を丸取りにすることにしてはどうか。これが地主たちの賛成を信じた政府今日の自作農案であるが、我々はその代価の定め方、払い方において、まだ相応な懸念を持っている。そうして以前友人であった自作小農だけは、もうこの点については高みの見物をしている。

三　たった一つの小作人の弱味

単なる史論としては、明治初年の地租改正の際に今日の米価を見越してもし小作料も金納の制度を立てておいたならば、何人も余分に苦しむ者なくして、細小農場は今少しく栄えたろうと言い得るが、これは死んだ児の齢を算えるようなものである。現在では新たに法律を設けて金納を強制するか、そうでなければ個々の契約を変更するの他に道はない。また単に金納の方法に改めてみたところが、それが今日の程度に有利でないと、貸主が同意をせぬという以上は、如何とも致し方がない。合法の範囲においては、それならばもう借りない、作ってやらないと、強く言切ることができるか否かによって、いずれとも問題を決すべきであることは、あまりにも明白なる常識であるにもかかわらず、多くのこの頃の小作論議を見ると、まだこれ以外にも何らかの方策があるかのごとく、人を誤ったる希望に導いて、後かえって深き失望を感ぜしめることを、省みない者があるのは不本意なことである。

日本に小作騒動というものが始まって、今でちょうど三十年ほどになる。この間に我々はいろいろの経験をしたが、結局において小作人の側に、まず始末をしてかからねばならぬ一つの弱味のあることを、否認することができぬように思う。工場争議の同盟罷業（ひぎょう）に該当するものは、農村においては聯合（れんごう）の土地返還であるが、それを実行するにも基金の入用はあって、これを蓄積する途（みち）が現在はもちろん、未来に向っても容易には立ちにくい。一生産期は不可分であって、その間を支えることは貧農の力ではないからである。以前の地親たちはすでに久しく自作と絶縁して、今では農具の置場すらも持たぬ者が多い。土地を返されると当惑することは分っているが、不幸にして相手方の、今一層早く弱るべきことが見え透いているために、どんな資力の薄い小地主の間にも、何とかして籠城（ろうじょう）の計（はかりごと）が成立つのであった。あるいは失費を忍んで同盟圏外の地から、新たに小作者を招いて家を給して耕さしめようとすれば、暴力以外にはもはやこれを防止する手段なく、今までの不平家たちは忽然（こつぜん）として失業者となってしまう危険があった。それほどにまでまだ全国の隅々には、土地に対する飢渇（きかつ）があり、わずかの機会をさえ争おうとしている者が多いのである。

土地返還は名案でないということが解って、次には不納・滞納の戦術なるものが採用せられ始めた。小農が本当に横著（おうちゃく）でない証拠には、自分が適当と信ずるだけの小作米を持参して、残りを申合せて出さずにおくという例もしばしばあった。そんなことをしたところで、相手がそれで泣寝入らぬ以上は義務不履行は同じである。訴訟になれば時と手数はむやみにかかり、地主がこのために閉口するだけは疑いがないが、それは要するに辛抱比べの一方法というに止まり、小作問題の解決には用立たぬのみか、次の紛争の一つをも予防し得ず、むしろいわゆる感情の悪化を深めて、前途の光明を遠くへ押遣るのみで、我々の学ばんとする方法とは、すこしでも交渉はないのである。

四　耕作権の先決問題

実際農村の感情は、永く摩擦靡爛の状態に置き難い事由があり、また日本人の思切りよき気性は、煩累を悪んで不徹底なる折合を忍ぶ場合が多い。小作官の調停が案外の成功を見、それがまた先例となって地方の新しい傾向を促すかも知れぬが、個々の問題は仮にこの種の掛引で解決しても、原因がなお存する限りは困難はほどなく形を換えて現れるのみならず、姑息の処理はかえって必要なる改革を遅延せしめる弊がある。そうしてまた問題の正しい理解が、これがために妨げられる場合も多いのである。現前の紛争に没頭している者だけはやむを得ないが、観察批判の余裕ある者ならば、ぜひともあらかじめ用意を調えて、これらの実験が終局において、すべて共同生活体の平和なる発達に利用せられるように努力しなければならぬ。争闘を最終の調和に導かんことを志さねばならぬ。

夢だ、できない相談だと、叫ばんとする者も世上にはいる。しかし我々はかつて試みたのではなかった。これを哲人の出現に待つというならば空想かも知らぬが、ただ我々自身の考え方を、今少しく親切にして行くというだけでも、まだ問題の新らしい光は見えて来るのである。例えば最近ようやく声高くなった耕作権確認の論がここにある。地主側から逆に耕地の返還を要求せられた場合に、これと抗争する必要によって、始めてこの力の大切なことに気付いたのは遅かった。遠い羅馬の大昔以来、土地の上の権利者と実際の利用者との間に、距離がありまた段階があれば、必ず世の中は不幸であった。社会は自らこの病を癒すべく、絶えず無意識ながらも両者を接近させ、一致させようとする傾向を取ってはいたが、いつでも制度としてそれが確認せられるのは、今度の場合よりもまた遥か時おくれた後のことで、もうそろそろとその次の喰違いが、現れようとする際であった。日本の例でいうならば、作人が土地権利の中心でなければならぬことは、数百年来の常勢であったにもかかわらず、法理は彼らを私領内の労働者と見ようとした。それが時来(きた)って所有権の主体たることを認められる時分には、また新たなる直接耕作者の一つの層が、土地と彼らとの中間に現れかかっていたのである。中世には土地に対して、煩雑なる幾段かの負担が公認せられていた。豊臣氏以来の法制はこれを整理して、やっとのことで年貢と百姓所得とのただ二つに、生産物を区分してよいまでにしたかと思うと、はやまたそこには新種類の上米(うわまい)取りが、入込(いりこ)んで生活する隙間(すきま)を生じていた。農村に土地の飢渇が急迫である限り、小作料が安ければ転貸は一つの大なる誘惑である。中小作(なかこさく)が起らなければ世話人が出来る。結果は単に貪(むさぼ)る者が、地主ではなくなったと、いうだけに止(とど)まるかも知れない。せっかく耕作権が権利として確立しても、それが売買せられて耕作をやめる者の利得に帰するのでは、少なくとも農業のためにはならない。ついでにこの欠陥を防ぐ方法を考えておかぬと、実は完全なる改革とはいわれぬわけである。

五　土地財産化の防止策

全然方向を異にした二つの目的を、土地に持たせようとすることがそもそもの誤りではなかったか。こういう疑いが晴れてからでないと、改革の案も立てることができない。

土地を働き場としまた手段と観ずる労働者からいえば、器具機械も同様に、安過ぎて困るという場合は絶対にない。ところが今日では他の一方に、土地の得難く貴重のものであり、そのいわゆる独占的価値のできるだけ高からんことを、希望している者が相応に多いのである。この二つの心持が果して協調して、一箇単独の経済利害を作り上げることができるものかどうか。今まで時代によりいずれかの一方へ、偏せずにはいられなかったのを見ると、これを危ぶむ者にも相応の理由がある。同時にまたいずれを主にするのが正しいかという問題も生ずる。

土地を保有することが、富の蓄積のほとんどただ一つの方法であった時代もある。荒野開発の奨励のために、私田の地子（じし）すなわち運上（うんじょう）をできるだけ低くして、しかも永代に相続することを許せば、末には土豪が各地に割拠して、荘園の天下を覆うに至ることは当然の結果である。荘園という文字はもと農場を意味したけれども、土地に余得の少しでも存する間は、持主は必ずしも、自らその経営に任ずることを要しない。末には近親に配分し社寺堂宮に寄進して、婦人・小児・尼・入道のごとき、まったく鋤鍬（すきくわ）とは関係のない人々までが、その遊食の資をこれに仰ぐようになっていた。鎌倉幕府の進出は、土地財産化の傾向に対するいったんの抑制であった。地頭はもちろん農業者として奉公をした者ではないが、大抵は田舎に居住し、自身また一つの耕作団の親方であった。彼らが個々の荘園に跳梁するようになれば、遊女亀菊という類の領主は閉息しなければならなかった。すなわち追々の訴訟を引起して結局は下地を中分し、管理の様式は簡単になると共に、さらに交通の梗塞に乗じて、京都人の収益権は、いつとなく地方に消滅してしまうに至った。

以前のいわゆる権門勢家がことごとく遠国の諸領を失って、京都がそのために萎微衰頽を極めていた時代は、すなわち地方の物質生活の充溢した期間であった。戦争のやたらに起ったのもその一つの結果なりと考えらるる。そこで徳川氏などは大小名の勢力を統御する手段として、過大の軍役を課してまず士族の数の多きに堪えざらしめた。そうしてすべての城下居住者をして、極度に百姓を誅求しつつなお領地収入の余裕を貯えしめぬようにしてあったのである。これも恐らくは江戸幕府の方針かと思うが、土地は上下を通じて一般に財産化することが不可能になっていた。前からの農民の土地は、自分で作らぬ以上はただ持っていても何の役にも立たぬものになっていたことは、あたかも武家の生計が常に手一杯で、評価のしようがないのと同じであった。村で地主ができるだけ直営の手を縮め、急いで請作小農の数を増加し、また分家の大きくなることを意に介しなかった事情は、考えてみるとなおこの方面にもあったのである。

六　地主の黄金時代

今でも一つ話としてよく耳にするのは、あの田は酒三升を附けてただ引取ってもらった田だという類の話であるが、いくら当時でもそのような田地ばかりであったら、百姓が行立つはずはなかった。しかし大体において、売って金になるような地面は本田には少なかった。良い田・悪い田の差別は収穫の多少よりも、税を差引いた残余の多少であって、堺を立てて分けて持っていると、永い間には著しい負担の過不足が生じたのである。それがはなはだしくなると地面を棄て、農民が夜遁げをした。村としてもその後始末には難儀をするゆえに、替地・車地などの方法を設けて、労苦を均分しようと試みた例も多いのである。

主たる不公平の原因は天然のものでなかった。また縄入・水帳の誤謬でもなかった。一番多いのは切畝歩質入の流れたもの、たとえば三反ある田を二と一とに分けて、年貢は半々に負担する約束で一方広い方を質に入れる、いかにも無理な農民らしい金融法であった。次には頼納・半頼納などと称して、隣同士の田で一方の年貢を他方に背負わせる。これもまた金を貰って承知をするのが普通で、一種の金策に利用せられていた。いずれも農家を難渋に導く原因と認めて、法令はこれを厳禁したのだけれども、そうするまでにはかなり弘く行われていた。身上を拵えるような家の主人は、精細にこの損得を考えて割よきものばかりを買集める。また愛する末の児などにはそんなのを抜いて譲った。これが商人地主の新田場と同様に、古風な農村にも収益目的の小作が、ぽつぽつと現われ始めた原因で、同じ一人の農家戸主の頭でも、土地に対する観念がこの場合だけは、すでに第二種形式になっていたのである。

　しかし矛盾には相違ないが、徳川時代の方針はとにかくに農地を財産にしない工夫を以て一貫していた。そうしてその手段としてはいたって手前勝手な、年貢を百姓飢餓点の一杯まで取る方法を用いていたのである。ところが明治の地租改正は、完全なる地押し検注のやり直しであった。田畠各筆の縄伸び・縄縮みを正したのみか、その固有の生産力に基いて地価をきめ、今までの取帳を眼中に置かなかった。そうすれば以前無代で譲り受けたという類の、割の最も悪い地面がまず浮び上り、地租の軽くなった割合だけが、財産を得たような感じをその持主に与えた。地価という語がすでに売ることを考えさせる上に、地券はすなわち便法をこれに供したものである。しかも売買地価の相場は、もうその即日から券面にはよっていなかった。

明治五、六年の石代は最高が六円前後、少し奥在所（おくざいしょ）になると三円四円というものも多かった。それが日を追うて中央市場の状勢に敏感になり、西南戦後の紙幣増発時代にははや二倍に騰貴した。その後激変はあったものの、元に戻ったことなどは一度もなく、ついに今日のいわゆる生産費二十何円の揚言（ようげん）を聞くに至ったのである。どうしてそのように生産費が懸（かか）るかといえば、地価が高いから、地価はなぜ高いかと問えば米が高くなったから、それではいつまでもぐるぐる廻りは免れない。実際土地の財産化はこの通り癖になりやすく、人を二代の間に百代も前から財産家ででもあったかのごとく、感ぜしむるに足るものであった。この意味において国の富の増進は、昔も将来も多くの人を幸福にする力をもっている。地主が最近にはその福運に廻（めぐ）り当ったけれども、その一つ前には彼らは今の小作人以上の、貧乏籤（びんぼうくじ）を引いていた時代もあった。この次の順番としては、我々はぜひともこれを農村全体の幸福に帰するように計りたいと思う。

七　地価論に降参する人々

日本国民の信従性は、今ある経済学説を唯一無二のものとして、しばしばこれと両立せぬ自分の体験を捨させたけれども、近代の船載理論は大方は都市の産物であり、また商人の経典であって、一応考えてからでないと田舎に用立たぬものがいくらもある。そのくせ価値論の根本のごときは、本店の方でもまだすこしも固定してはいないのに、その上澄みの半ば透明なところだけを掬んで、これをわが田に引いて一種の土地学説を、こね上げようとしたことは浅慮であった。土地の交換価の計算の元などは、百姓自身が最もよく実際を談り得るはずである。取って払ってまだいくばくか残ることによって、始めて持主のじっとしている状態に価値は生ずる。いわゆる取得労力と改良投資とが何ほど多くても、年貢が滅法に高い間は、現に土地の相場は零であった。

　取得労力の本質と、その恩恵の永く伝わるべき根拠とについては、別にやかましくこれを論ずる人があるから私は避ける。ただ一方の土地改良資本は実際問題で、新たに耕作権を主張する人たちもこれを説いているゆえに、わずかばかり口を挿まなければならぬ。我々の耕地準備に対する労苦は特許や発明のごとき孤立的のものではなかった。新田は難事業で多量の堅忍不抜を要求したけれども、補助がなければ鍬下年期が長く、成功は直ちにまた一つの豊かなる償いであった。社会がその際にまず報いる方法は、人夫の食料と同様に備わっていたのである。近頃の耕地整理や灌漑排水工事などでも、効果のやや待遠な部分には皆公共が参与している。代掻・株起し・草取が一季の作業で、畔塗り・溝渫え・石垣積直しが永遠の改良と、差別を立てて見ることは、少なくとも農民はしなかった。殊に肥料の利き残りを以て、町の借屋の造作売と同一視しようというなどは、まったく机の上でないと起らぬ考えであった。

今でも日本ほど豊沃な土地はないかのごとく、考えさせられている人は多いかと思うが、本当はこのように肥料を莫大に要求する国の方が珍らしいのである。かつて千五百秋を予期した瑞穂の産地が、これほど豊かな水の流れを以て、あらゆる地表の肥分を溶いて注ぎ込むにもかかわらず、今ではほとんどからからになるまで、誰が取ったとなしに養力を吸い尽されている。もっとも一方には土壌の形体と配合、その他の物理学的条件と称するものも、多くの古田においてはほぼ精巧なる機械の程度にまで完備しているというが、これもまた二代や三代の苦心の痕ではないのである。すなわち善いにつけ悪いにつけ、久しい年月の直接耕作者の眼に見えぬ連帯が、この現状を作ったのであった。それを農作を見棄てる者が、計算のできるだけは持去ることになれば、後には制度と環境改善との余沢はことごとく都市に入ってしまい、農業は常に貧民の巣になるかも知れない。耕作権というからには耕作するために存する権利、耕作をやめると消えてしまう権利でなければならぬ。そんな簡単な論理すらも省みないゆえに、今以て張三(ちょうさん)が酒を飲んで、李四(りし)が酔うような結果を見るのである。

八　土地相場の将来

政府の自作農創定案に対する農民組合の反対は理由がよく解っている。彼らは決して小作人の仲間が減少して、団体の威力の衰えんことを悲しむために、この案の成功を欲せぬのであるまい。もしそういう動機がすこしでもあるならば、ちょうど水喧嘩(みずげんか)よりも雨乞(あまごい)の方が平和であるように、第三者はもっぱら自作案の実現を支持したかも知れない。国から私人の私経済を援助してもらうということは滅多にないことで、小作人は今その千載一遇(せんざいいちぐう)の幸福に見舞われんとしている。それを邪魔するのが彼らの組合であることは、一見いかにも不条理ではあるが、実はこの利益の帰するところが、別に彼ら以外の者にあって、保護の目的もまたそこに存するかという疑念があるために、少なくともしばらく形勢の推移を観望せんことを欲するのである。

それを具体的に説明すれば、小作地の売買相場は現在も少しずつ低くなろうとしている。将来はさらに著しく下落すべきことが予想せられ、またさせなければならぬと主張しているゆえに、論理上今土地を買受けて、自作農となるのも結構と言うわけには行かぬのである。いくら低利の金を借り、その上三分の一の利子を手伝ってもらおうとも、元金の高いのは直らない。現在一反四百円の田が、やがて二百円にも百円にも下るものとすれば、急いで買おうとするのは明かに不得策であるが、果して農民組合側の註文通り、地価がどしどしと安くなって行くかどうか。農林省から公表した評価法というものは、地主の眼で見れば思い切った踏倒しで、あるいは買手の肩を持過ぎたという者があるかも知れぬ。しかしこの算定の基礎はただ現在の安全率で、いまだ予測すべからざる将来の変化までは考えてない。例えば小作に関する法律が新たに通過して、段当り十五円を超ゆる小作料は取るべからずという類の、規定が出来ようとは何人も思っていない。小作人らにいろいろの労働機会が出来て、反十円より高い小作料を要求するなら、借りてやらないと言切り得る時代が、そう早くは来そうにもないと思っている人たちが、この案の実現を急ぐのである。日本の細小農の未来を薄墨色を以て彩り、彼らの永遠の困窮にこれほどの確信をもつ者が案出した振興案に、果してどれほどの価値があるであろうか。

かかる不吉なる予言を的中させぬために、我らの試みてよい方法はまだたくさんある。

第一には土地の相場に関する今までの考え方を、少しでも正しい方に導いて行くことである。地価の高いということは、農村繁栄の一つの結果と、見ることのできる場合もあるというだけで、そうでない場合も決して少なくはない。例えば少数の農に携わらぬ者、町の人や会社などが土地を持って、それがよい値で売買されるということは、実際耕作者の幸福満足と、何らの交渉もないと言うよりも、むしろ反対に悪い証拠である方が多い。借料が高くて作り手の取分(とりぶん)の乏しい場合が、一番田地の値段のよい時であったという例には、恐らく今日の日本がいつまでも引用せられることと思う。現にその結果として浮べない者の数多きを知りながら、都市の側からこれを好景気と名(なづ)けようとしたことは、同情のない話であった。ましてや農村の内に住む者が、共々にこれを歓迎してあたかも繁栄そのもののごとく考えたことは、実に首(こうべ)を垂れて恥じてもよいくらいの、無思慮な話であったのである。

九　挙国一致の誤謬

地価の騰貴は時としては農村の隆盛を反映することはあるが、それとてもわが邦の場合ではなかった。ましてや前者が農業の栄ゆべき、原因となるようなことは絶対にあり得ない。説明の要もないほどの簡単なことであるが、高いを悦ぶのは売る人の心持である。今まで自作農であるならばこれをやめる際に、始めて味い得るところの新たなる恩恵である。親代々の持地を作る者はもちろん、近頃安い価で買入れておいた地主でも、売らぬ限りは何の交渉もない変化である。あるいは高い値段の田を買う人があったお蔭に、産物が高く売れて旨いことができたと、喜んでいる者もあるか知らぬが、それも原因と結果の顚倒であることは、いかに我々が気を揃えて、千円八百円の田を買込んでも、そのために産物を高く買おうと、いう者が一人も出て来ないのを見ればわかる。つまりは他の原因で米が高くなると、その結果が直ちに地価の騰貴となって、後に地価が低くなる際に苦しむ人が出来るというのみである。

新たに農業を試みようという者にとっては、これほどまた大なる故障はないのである。いわゆる好景気の絶頂に買った田畠では、いかなる農業を経営しても損をするにきまっている。昔の牧歌時代の土地所有の悦楽を慕うて、宝物を獲る気でこれを求める者は別とし、計算によって農を営もうとする人ならば、必ず断念すべき限度というものがある。そうしてその限度はもうとくに越えていることは、前に挙げた農林省の評価法に、不満の多いということでもこれを証明する。

自作農創定案の苦しい弱点は、他の一方に小作農戸数が年々に増して泉を換掘りするの姿があることであるが、地価が高ければ農をやめようという誘惑が強いと同じく、自作が小作になろうとする傾向の強くなることは知れている。信用組合が普及した後まで、小農の新農法に要する資本は、土地を換価するより他に供給の途がなかった。近頃になって増加した小作人は、多くは以前の切畝歩質入人と同じく、農には執著あってしかも土地を手放すより以外に、融通の手段を得なかった人である。彼らが土地兼併者の食い物にならなかったら、もっと早く農業は行詰まっていたはずである。しかも地価低落の利益を否認せんとする議論には、それでは担保力が減少すると唱える者が多いが、勧業銀行・農工銀行以下、この種の農業金融は変態を以て充ちている。その契約の農業に関係があるのは担保物ばかりで、借金の実の用途は往々にして農以外である。そういう担保力などは少なければ少ないほど農業は安全である。我々はいまだその増加を喜ぶべき理由を見出さない。

一〇　農民組合の悩み

必ずしも農民組合の組合員ならずとも、今日のごとき農地の財産化を以て、農民の幸福に害あって益なしと、認めている者はすでに多い。しこうして私有制度の本塁を動かすことなくして、この状態を改善すべき方法は、まだいくつでもこれを考案することができる。現にこの政府などが、地主の廻し者かという邪推を忍んでも、なお実行してみたいという自作農化などもその例である。土地は耕す者の持っているべきものということは、少しも教訓の必要なき自然の知識であったにもかかわらず、後に二つの原因が現れて段々にこれを妨碍した。一つには地主の耕作不能、これには相続その他の複雑した事情もあるが、最初はまず慾張って余分のものを取込んだのが元であった。二つには農村の自立心の減退、すなわち若干の心細き地位にある者が、好んで外部の保護を誘致して、内輪の共通利害を掻乱したことであった。この二つの禍根に手を著けぬ限り、わずかばかりの自作農戸を、作ってみたところが焼石に水である。

　政府がいかなる方法・数・形式を問わず、自作農さえ作ればよいと信ずるの誤りなるごとく、組合がいつでも地主さえいじめていれば、それで成功するかと思うのも自惚の行止まりである。現在の状勢を以てすれば、なるほど自ら耕作する能わざる土地所有者は弱者である。殊にはかない二町三町の地面を財産と頼み、働くにも働けない境遇に縛られている者のごときは、むしろ同情すべき貧民の候補者である。これと物々しい戦端を開いたということが、すでに原則の誤解であった上に、その結果はいたずらに農村の空気を溷濁せしめたのみで、まだ少しでも小農の前途を、明るくする見込は立っていないのである。仮に極端なる場合を想像して、年貢米の全部がただになったとしたところで、勝利の小作人らの生活は、借金ある自作農の最小の者以上であり得ない。これが果して農民組合の目的の到達といえようかどうか。都市の勤労に従事する者は、ほとんど例外なく一年の三百日以上を働き、それより少なくしか働く機会のないことを失業として患いている。独り小農のみが狭隘至極の農場を守って、そこで働けるだけ働いていればよいと、認めらるべき理由はないかと思う。いかに巧妙なる作業の配合をしても、少なくとも田畠一町歩、普通は一町五反ないと農業として、平均五人の一家を支え得ぬことは、ずっと以前から疑のないことになっている。それが今日の借地農ならば、さらにより多くをこそ要求すれ、その半分でよいというはずがない。つまり仕事場が足らぬために、まず生計が苦しくなったのである。しかるに小作料を負けよという運動だけは盛んでも、もっと働かせよという要求はかつて提出し得なかった。今でさえ請作の競望が多くて、同盟の歩調は乱れがちであるのに、そんな註文をすれば必ず逆に足元を見られるにきまっているからである。これが現在の農民組合の、最も持悩んでいる未解決であって、もとより彼らは小作人の真の安全のために、農場拡大の必要を認めないのではない。が遠慮なく言うならば、実はそれが組合員の半減以下を意味するがゆえに、内に指導者を持つ自発協力の組合でなければ、憚(はばか)ってこの問題に手を触れることができぬのである。

第八章　指導せられざる組合心

一　二種の団結方法

世には貧乏人が剛慢（ごうまん）になったことを、まだ組合徒党の悪弊の一つに算（かぞ）えようとする者がいるようだが、これほど間違った考（かんがえ）はないと思う。剛慢がもし感心すべからざる社交法ならば、身分境遇によって差別のあろうはずはない。それがこの連中ばかり、特に近頃その悪徳に耽（ふけ）るかのごとき批評を受けるというのは、むしろ山陰（やまかげ）の雪の遅く融（と）けると同様に、今まで押えられていたゆえに目に立つのである。五十年来の平等教育によって、多くの常民の心は夙（つと）に不屈になっている。しかるに小作人だけが今でもわざわざその不屈を表白する必要を感ずるということが、まだ半分しか気丈夫になっておらぬことを意味するのである。がそれだけでもなお地位の自覚と、これを促した組合の力とを認めなければならぬ道理である。

日本の小農の地位の改良し難かった原因は、必ずしも単なる慾望の睡眠のみではなかった。こういう新しい種類の組合を作る機会が、今までは極めて少なかったために、われとわが力を知らずして、用いようとしなかった形があるのである。殊に小作人は方々の土地から集められたもので、彼らばかりの団結は自然には起り得ない。村にはもとより有力なる共同があって、その一致は時として必要以上にも強固であったが、それは在来の大きな力を取巻いて、新たに来り加わる者を纏い附けるという式のもので、その分子は不揃いであり、中心はまた彼らの外にあった。東方諸民族のこれが一つの特色のようにも考えられている。人が最初から定まった役割を以て、団体生活に入って行くという慣習は、わが邦でも起原いたって古く、かつ今日もなお盛んに行われている。以前は身分格式といい、この頃は貫目といい人格という漠然たる語を以て呼ばれるが、会長と理事とになりそうな人がおおよそ極まって後に、最も従順無為なる会員が募集せられる。いわゆる衆智は必ずしも量較せられぬが、推察と信頼とは互に働いて、外に向っては少なくとも群の威力を統一する。当今急造のものには無理が多いために、わずかな仲間割れによって何度でも消えたり潰れたりするけれども、村に昔からあった結合には、確かに一種の妙味ある調和が認められた。それが近頃は利害分立の次第に顕著となるに及んで、永くこの組織の簡単さを保持することができなくなったのである。

右の新旧二通りの状勢の対抗を、支那では合従（がっしょう）と連衡（れんこう）と名（なづ）けていた時代もあった。連衡は横列行進、すなわち平等主義の組合のことである。本来は弘（ひろ）い地域にわたって共通の利害を高調する必要があったのだが、実際万人に通用する適切な事情というものは、そう容易に見出されるものでない。それゆえに簡単なる標語は抽象に流れやすく、理論の尖鋭と称するものは、おおむね眼前の生活苦悩とは交渉なき、空談の耳に快きものに過ぎなかった。人が往々にして秩序の否定以外に、何らの新しい実行案を抱かなくなったのは、むしろこの反動期の同情すべき混迷の結果であった。その上に今日の団結方法には、まだまだ前代の合従式指導の習癖を、いとも多量に残留しているので、一層その成績を現実にし難いのである。

二　組合と生活改良

だからただ一つの農村の内に、同時に数十種の組合を併存し、それぞれその幹部と事務員とを支持しているような奇観をも呈するのである。もし組合員が古風なる雷同主義、長い物には巻かれようという心持、前に行く者の足跡を踏んで、それで安堵（あんど）してよいという予断がなかったならば、到底この多数の目的に、限りある力を分割し得るものではない。しかも最終の大きな目的のためには、手段としてさえも両立せぬものがあり、少なくとも一方は重複無用である場合は、いくらでも想像し得られるにかかわらず、それを検査してみようという考も、持たなかった者が多いのである。

組合はもと都市の間に起ったものであった。都市の複雑なる群衆の中では、到底総員の合従式行進を期待し難かったゆえに、夙に一部分の利害が協力によって、その所志を貫かんとするの計画を必要としたのである。わが邦の村落でも、稀にはこの称呼を採用して五人組を組合といった例もあるが、なお明治に入って養蚕家その他、業を同じくする者の結合を勧誘せられるまでは、多くの村人にとってはこれは耳馴れぬ語であった。それがどうだろうか、わずか三十年四十年のうちに、ただ組合といえばむしろ村にあって、古来の統一方法を改造せんと企つる者を、意味するまでに進行したのである。かつては単独の結合能力を危まれんとした小作人らは、すでに十分にその推測の誤りを反証したのみならず、さらにこれに対する新たなる興味をさえ示したのである。数の力においてのみは、都市の労働者は早くもその下風に立たざるを得なくなった。やがては計画と方法についても、翻って出藍の青きに学ぶべきものが、多くなることであろうと思う。

しかし現在のところでは、不幸まだ混乱以上に何の獲物もないと言って差支がない。生活改良はむしろ組合の活動を拒まんと欲する者の、小さな武器の名になろうとしている。一時の弥縫を以て安定と目する気風はなお強い。もしこの二つの者を確保することが、苦しい社会運動の主眼であるならば、少しでも早く今の途半ばの活劇を切上げて、まず前進の坦路を開鑿することに努むべきである。永年郷を同じくして共に住んで来た者が、なお反目しかつ闘わねばならぬ理由を究めることは、反目争闘よりもさらに大切である。個々の組合の小さき成功以上に、さらに重要なることは将来その教養と実習とによって、補充しなければならぬ我々の弱点が、まだどの辺に残っているかを知ることである。それが格別の難事業でないことは、むやみに他人の説を丸呑にせぬ者には、もう早くからよく分っている。我々の判断を自由にする道は具わっているにもかかわらず、その面倒を厭う人だけが、自分の身に附いた疑問を棄置いて、甘んじて前に立つ人の足跡を踏んでいたのである。名は新しい組合であろうとも、その実は職蟻職蜂の卒伍式生活であった。そういう昔からの結合方法がよいものならば、その中では自然に発達したものだけに、町村がまだ一番によく調和し、また注意が隅々まで行届いている。多くの組合は仮にその事業の全部を合併しても、今ではまだその機能に代ることができない。

三　産業組合の個人主義

数ある組合の中では、産業組合などが比較的広汎(こうはん)な目的を有し、従って小さな地域内に自立して、土地の事情に適した計画を立て得るのみならず、誰でも困る者は加入してよい組織になっていた。いわゆる有識者の当初の期待は大いなるものであり、その三十年間の普及は、さらに彼らの予想をさえ超過したのであった。ところがただ一つだけ不本意なことには、実際この機関を利用し得る者が、夙(はや)くから選別せらるる傾向を持っていた。よほど熱情に富んだ創立者のいた村でも、その経営の煩累(はんるい)と不安全とを忍んでまで、恩恵を貧窮孤立の癖ある者、すなわち組合の特に有用なるべき階級に及ぼし得なかったのは、一言でいうならばそれが旦那衆の思い付(つき)に出たからで、しかも組織の基礎は相助平等の主義にあったゆえに、自然に近似の境遇にいる者だけを糾合して、いよいよ自衛の範囲を際立たせる結果を見たのである。

村の今までの統一は、かえってこの結合によって横断せられんとする姿がある。産業組合の事業そのものには、本来借地農のみには適用し難いという点は一つもなく、法令はむしろ内に共同の生活余裕を見出だして、貧富の隔絶を少なくすることを趣旨としたのであったが、単に初期の指導が一方に偏したばかりに、今ではこの通り一端に貯金を集合して財界の一勢力となす能わざる人々、もしくは販売購買等の協力によって、国内配給機関に対する発言権を獲得する能わざる人々、従っていつまでも中央市場の情勢を知らずに、苦しい生産に従事しなければならぬという人々を取残して、彼らをして別に何らかの団結を企てしめるような、形勢を誘致してしまったのは残念である。ところがちょうど幸いなことには、こういう場合にも農村固有の力は、隠然としてなお多く働いている。産業組合は他のいろいろの組合と同じく、名は組合であるけれどもその実は僅少の篤志者が、官府の厳密なる監督の下に、普通は好意の独裁をあえてし得る団体であった。その総会は理事者の予定以外に、何事をも決議せぬ機関であり、すべてを一任して附いて来る組合員であった。冷淡の非難は免れないけれども、村民の多くはこれを悪事をせぬ会社くらいに見て、まだ組合の力を笠に著て、村の交際を破ってまで、外部と対抗しようという考を持たなかったのである。

農村今後の展開のために、これは一つの楽しみ多き未知数と認めることができる。現在やや無関心に過ぎたる後進の組合員らが、遠からず産業組合の利便を感じ、その交互の力を割いて、さらに事業の一層の拡張を試みる段になると、今まで学校・青年団・兵営等の生活を一つにして、同じ感覚の中に育った人々が、一部はまだこの恩恵の外にあるということを、心付き怪まずにおろうとは思われぬ。貧乏に経験を持たぬような幸福なる子弟は、彼らの中にも実は多くない。それから脱出させることを功績としている産業組合が、かえって極貧の者を除外した不条理は今にわかるであろう。その上に追々都市との交渉に馴れるに至っては、村の経済組織の大切な長所、すなわち相互の熟知と信頼と数の力とを、こんな行懸りから二つに割っておくことの、不便不利益を感ぜずにはいられぬはずである。

四　農民組合の個人主義

これと同様のあるいはそれ以上に大いなる期待を、社会はまた農民組合の未来に対しても抱くことができる。農民組合の羽翼は最近に至ってすこぶる整い、すでに全国同盟の名を名乗って、政治的行進を開始するまでになっているけれども、これを成長の行止りと見ている者は、内にも外にも一人もないのである。内にある者にはかえって予言がむつかしかろうと思うが、彼らが今掲げている旗幟などは、やがて見すぼらしくなって引卸されなければならぬほどに、大きくなって行く可能性をもっているのである。もっともこの組合の発足点が、小作人の新主張の上に置かれたことは、産業組合がいわゆる中産者を基礎として立ったよりも理由はあるが、ぜひともこの第一次の目途（もくと）に固着していれば、ほどなく用済みとなりまた邪魔者となる懸念のあることは同じである。何となれば小作人は永く現在のごとき悲況の下に、その悪戦苦闘を続けしむべきものではないからである。

　幸いなることには我々の農民組合は、少なくともその名称において、まだまだ発達すべきたくさんの余地をもっている。日本の農民の他の半分は、世界のどこにも例のない細小の自作農である。すこしばかりの例外を除いては、いずれも現在の経営様式に若干の改革を加えぬ限り、永遠の安泰を保ち難い状態にいる者である。彼らの自ら希望すると否とに論なく、年々その一部は小作となり、あるいは農を廃して村を去らんとしている。耕地の債務を負担して、事実借地者と異なるところなき状態にある者も、またその数に乏しからずと報ぜられる。これが小作人救援の目標とするに足らず、彼らをこのごとき自作者と相似たる境遇に送り届けることを以て、能事（のうじ）は了（おわ）れりということのできぬことは、恐らく農民組合の夙（つと）に自ら認むるところであろう。しかも現在組合員だけの一致を以て、なし得る限りはおおよそわかっている。今後彼らの団結のほとんどその面貌（めんぼう）

を一変すべきことを、我々が予想している理由はここにあるのである。

小作人の分布に関しては、まだ学者の研究が後に残っている。以前は主として新田開発の、いわゆる商人地主の盤踞する地方にばかり、その大きな聚落が見出されたのであったが、後に中流地主の手作をやめる者が多くなって、今では特殊の事情があるために、小作農の起らなかった地方を捜してあるくほどになった。全体からいうと自借二種の小農の、半々に入交った村が最も多いはずである。そうして二者の利害には共通の点今もなお多く、事実またいかなる場合でも対立反発の勢を示したことがない。自作農創定案に対する農民組合の反対態度が、彼らが自作農民に対して同情を持たぬという、推論を導くような心配はないにしても、こういう農村において一方の組合員を選別し、まず小作農ばかりの農民組合を作らせたということは、随分と思い切った仕事ではあった。少なくとも村に住む者の、平静なる発意としては出来ぬ計画で、つまりはこの組合の目的が、最初不任意に狭隘であったことを意味するのである。

五　組合は要するに手段

闘う組合はどうしても率いらるる組合になりやすい。我々が日本の農民組合のために惜むことは、かのいったんの精力集注によって、かえっていろいろの組合機会を失わんとし、また将来の農村生活のために、何よりも大切なる組合心の発芽を、二葉(ふたば)で折曲げるような結果を見んとしていることであるが、この複雑なる農民の心理と、それに培(つちか)われて成育した制度慣習とは、実は今少し注意深く、土地の人自らの手を以て、保存しておかなければならなかった。もちろん小作争議の絶えてなかった村々でも、消えてはならぬものがたくさんに消えている。農業ばかりはなお以前の型を追わしめつつ、それに伴う土地と労働の条件が激変していることを顧みなかった例は少なくない。しかし孤立の不安の殊に多くなったのは、何と言っても外部との連繫(れんけい)を頼みにして、内では小さく割拠することになった小作人たちの農場である。彼らの組合はぜひともその前途のために、新たなる方法を攻究する責任があったわけである。

ただしそのような後の手当までは、力及ばずということであらば、一応は今の組合を解散して、改めてこれに代るものを作ってもよい。とにかくに農村最近の動揺は、これまで繫(つな)がっていたものをばらばらにしている上に、さらにその原状の恢復(かいふく)のみを以て足れりとせず、別に住民が協力して処理しなければならぬ問題が、もうその前から来て解決を待っているのである。見方によってはこの方が一層重大だと言ってもよい。地主・

小作の間柄が急にまずくなり、今頃小作料の高いことを騒ぎ始めたのも、突発的原因があったからとは思われない。貧乏は昔からと平気ではいられぬように、村の気風を変えたのが時勢ならば、必ず何か我々のまだ心付かぬ隙間が出来ていて、世の中がすでに以前の通りではなくなったのである。それを総括的にただ人智が進んだゆえと説明し、なるほどさようかと思っていた者も多いが、決してこれはなるほどではなかった。

人が賢くなってさらに生存がむつかしくなるということはあり得ない。つまりは人智も進んだがそれを追越すほどに社会も早足に変化したのであった。問題は多分ここから起った。そうでなくてもこの変化を考えてみた上でないと、正しい解決が得られそうには思われぬ。すなわち今日何人も知らんと欲する農村衰微の実相も、これによっておおよそ判明する見込があるのみならず、これをどう処理して行けばもっと明るい天地へ出られるかという目算までが、さらにこのついでを以て立ちそうに想像せられるのである。果してそうだとすれば、仕事はもちろん目前の小作紛争解決よりも大きい。もし農民組合にできなければ他の組合に、それも無能ならば別に新たなる団結を試みても、急いでその討究に取掛る必要があると信ずる。組合は要するに一つの手段、そうして目的は常に手段よりも大切であるからである。

六　農民の孤立を便とする階級

組合の新らしい傾向が追々に経済の共同へ、それも一つ一つの生産行為の一致から、次第に生計の全般の支持にまで、その交渉を及ぼそうとしていることは、日本の農村においては殊に自然なる推移であって、それを喫驚する者はよくよくの手前勝手か、そうでなければこれまでの久しい沿革を、少しも考えてみなかった心無しの観測に過ぎない。現在の共産思想の討究不足、無茶で人ばかり苦しめてしかも実現の不可能であることを、主張するだけならばどれほど勇敢であってもよいが、そのためにこの国民が久遠の歳月にわたって、村で互いに助けて辛うじて活きて来た事実までを、ウソだと言わんと欲する態度を示すことは、良心も同情もない話である。

そんな離れ離れの作業を以て、立って行けるような農場の組織ではなかった。いくら人智のまだ開けない時代でも、今のように小さな労働者を孤立に置いたら、農村衰微の声は高まらずにはいなかったろう。さればこそある個人の私計画が、着々と成功するに至って村は動揺を始めた。その紛乱がさらに解くべからざる状態に達すると、村民の気質までがにわかに一変して、むしろ平和なる隣の一部落の、愚直と信頼とを嘲りまた裏切らんとするようになったのである。普通の澆季論者は昨日を尊敬し過ぎるけれども、これだけ著しい零落が一朝にして押寄せるはずはない。言わば以前も今日と同じく、なお現状を有利とする者が有力であって、単なる恢復の方法はこれを講ずる余地がなかったのである。だから手段の巧拙は第二次の問題として、もっぱら希望を局面の展開に置こうとすることは、時代の一つの進歩と見て差支ない。新たに付与せられた個人自由が、その取捨選択の判断に働くべきことは、当然でありまた必要でもあった。しかも組合の新組織のごときは、確かに応病投薬の一つではあったが、あまりにもその目的を狭隘にし、かつ古風な指導者の独裁を認めようとしたために、村では町以上の組合の鼻突合が起った。相互の弱点ばかりが目に立って表われて来る。当初統一を以てただ一つの力としようとした者が、結局は農村が割拠に適しないことを、自身まず実験させられたのも皮肉であった。

この実験はやがてまた一国の政治を、改良する場合にも役に立つものと思うが、それまでは今説く必要もない。とにかくに民意を代表せしむと称して、その実は区々の中心人物の判断を承認し、もしくはこれに同化し追随しようとする気風がなお盛んであったために、内には数の力の争奪が陰謀と化しやすく、外に向っては始終無益の戦闘を続けて、感奮を以て人心を繋縛しなければならぬ結果にもなる。それが久しい間の被指導生活によって、馴致せられたる習癖であることは、農村はむしろ国よりもはなはだしいのであったが、事情が適切であるだけに、幾分か早くその弊害に心付き得られるのである。ちょうどこういう機会にこの問題を考えておくことは、他日国家のために働こうという者にも必要な練習である。

七　前代の共同生産

村の協同の一番古い形は、今なお誰にもわかるだけの痕跡を、労力融通の上に遺している。ユイは近世の農業においては、必ず約同一数量の労力を以て償還することになっているが、家族と農場とに大小の差がある場合には、その計算は決して容易でない。以前の計算は恐らくは食物の供給を主とし、秋になってまた若干の生産物を分配する習いがあったのであろう。小正月の日の酒盛にその年の田人を招いて、節の食事を共にする家などがあるのは、元は多分この契約の一つの方式であった。八月朔日をタノムの節供と名けて、食物以外の贈品を交換した慣習も、まだ精しく説明することはできぬが、やはり農事と関係があったことだけは確かで、信用組合を意味する古来の日本語、タノモシという名詞と語原が一つだから、すなわちユイの制度の一部であったことが察せられる。

ユイには古くから団結の結の字を宛てていて、その範囲は農耕の作業には限らなかった。最も完形に近く保存せられているのは網曳であって、この漁獲物は浜で分配の終了するまでは、まだ何人の私有とも認められなかった。現在ユイという語を使っている例は知らぬが、由比または手結という地名は、全国にわたって多く遺っていて、ことごとくこの種の協同作業を行うに適した広い浦辺である。海草その他の漂着物の集拾なども、これを個人の取勝ちに任せることは何でもなかったにかかわらず、今なお同じ約束の下に、後で分配をしている実例は少なくない。それから狩猟においても大なる獣だけは、ほとんど常にこの方法を以て捕獲していた。それを意味するカリクラという語が古くから知られている。技倆勇力の一様でない人々が、それぞれ身の分に応じて配置につき、その協同の成績が挙がった時には、一人も残らずその分配に与った。九州南部ではその分け前をタマスといった。もちろん各人の運と才覚とは認められて、これに対する特別の報酬はあったが、とにかくに獲物は一つ、作業は多数の力に成っていたゆえに、最初からの私有は認めることができなかったのである。

この共有の状態をモアイといっている。農業の方でもユイは元(もと)田植の日に止(とど)まらず、恐らく苅入(かりいれ)の協力が終って後に、始めて分配の問題を決したものと思われるが、土地の私占が夙(はや)く行われて、作業場の価値が強く認められ、業主と手伝との主従関係がまず現れ、その上に生産の期間が長くて、ユイを植付の際だけに限ることができたために、次第に分配が前払いになって、日傭(ひよう)との差別が判らなくなりかけたのである。耕地の不足なる小農が多くなると、その限られたる共同生産すらも、今では必要がないもののごとく考えられ、山の一つ屋でもなお農業はできるように、少なくとも村外の観察者は思っている。しかしそれはただ平年無事の家庭だけのことで、一つ故障があればたちまちにその運転は休止した。近頃始まった例は在営軍人の家庭、古い社会では亭主の永煩(ながわずら)い、あるいは後家(ごけ)暮し、幼年戸主のごとき、もしこれを個人主義の経営に任せておけば、一朝にして農家が農家でなくなる場合は多かった。しかも居住権は容易に奪うことができぬゆえに、村の生計の乱雑は大抵はこれに基いて起っている。新たなる組合の改めて用意しなければならぬ難点の一つはこれである。

八　山川藪沢の利

それから山野雑種地の利用方法が、やはりまた固有の共産制度を、打毀したままで棄ててある。婦女幼若衰老の家々において、かつて辛うじてその家業を保持せんとした力は、同時に二つの側面から段々に狭められることになった。田植・稲扱の日にも手間返しができず、いわゆる落穂拾いの余得が許されなくなると、後家などの生計は浅ましいものになりがちで、以前は恥を包んで幽かな生存を繋ぐために、ただ一つの隠れ家は山林であった。凶年には村を挙げて野山の物を求めたごとく、このやや鷹揚なる入会権の利用が、多くの古田の村を支えていた力は大であった。すなわち共有地は困った人の多く働く場所となっていたのに、行政は心なくこれに干渉して、いわゆる整理と分割とを断行してしまった。最初に濫用せられたものは開墾権で、大抵は民食を足わすという名目の下に、都合のよい土地だけを資力ある者の持高に、編入してしまうのも古くからの習いであった。焼畑・切替畑の一作ずつの利用が、貧人に許されていたのもこういう部分で、年貢が山地の軽いままだから、地力一杯の生産を期する要はなく、誰でも孤立してこれだけは播き苅ることができた。それができなくなってから、次第に慈善と救助とが必要になったのである。

その次に始まったのが、御立山・村立山、すなわち官民の造林事業であった。元は労働の機会を多くする趣旨も含まれたか知らぬが、後にはしばしば余分の夫役が、このために課せられている。いかなる形に変じても共有財産ならばよさそうなものだが、その利益は常に必ずしも均分せられない。売って村の収入として村費に充てられる場合には、多くの税を払う者が多く負担を軽められる。下木を苅敷に使うことができなくなると、肥料を買う段では貧しいからとて少なくするわけには行かぬ。その他燃料であれ家具器財の資料であれ、金を出し得ぬ者が労力を多く出して、失費を免れようという途は絶えてしまって、働く機会はまたここでも制限せられたのである。

最後にこの分割の実は均等でなかったことも、今になっては誰にでも認められるであろう。素地の値打は待っていて始めて現われる。それを持耐えることのできる者とできぬ者と、単に同一の面積を籤引で分けたということが、公平なものであるはずがない。だから三年もたたぬうちに二、三人の手に取纏められて、今度は恩恵を以て渋々にその少しの利用が承認せられる。他人がそれを引継ぐとたちまちにして縄を張り侵入罪が成立ち、誠に意味もなく永年のモアイが消えてしまう。全体村持の野山などは、民法がそれを共有と視(み)たというのみで、単なる共同の私有物ではなかった。不断は何人(なんびと)もわが有(ゆう)と思っておらぬ点に、村を結合せしむる本当の力があった。屋根を葺(ふ)く萱(かや)は二十年に一度、家を建てる柱は五十年に一回、おおよそ順番に採ることができれば、人は互に助けて居住の問題だけは、解決することができたのであった。ユイの制度はこの場合にも行われていた。しかるに一人の現在利用者以外、他の大多数がこれを無益と感ずるに至って、分割は容易に輿論(よろん)となったのだが、それは到底今までの共同生活に対する、正しい決済ではあり得なかったのである。

九　土地の公共管理

不幸にして農村の故老たちは、何ゆえに古制を守らねばならないかの、理由を説明する途を知らなかった。しかもその一致を保持するためには、かなり忍び難い強圧を必要としたので、一つには反抗の気風が、幾分か崩壊を速めたような形があった。知らずに毀(こわ)してしまったものの後始末としては、現在の組合運動などは意外にも取掛りが早かった。今ならばまだ決して間に合わぬというほどに、手遅れにはなってはいないのである。多くの生産過程の共同処理法には、かえって技術の新しい時代に適したものが見出される。今度はできるならば最初から、事業の意義を組合員に理解させて、代りも見付けずに今まであったものを棄てぬばかりでなく、少しは保存以上の前進を計画させなければならぬ。それには必ずしも面倒なる訓練を要するわけでもない。単に今日のごとき小さ過ぎる農民が、このまま盛(さか)えて行くわけがないということを、一様に自覚させることが肝要である。

三十年も前から、先輩はほとんど皆この事業を認めていた。それを何ともせずにおいて、単に衰微を憂えるのは空虚なる同情であった。この上は問題の人自ら、改めてわが解脱を策するの他はない。農民組合の未来が、特に嘱望(しょくぼう)せられている所以(ゆえん)である。彼らが第二段の経験は、いかに満足なる分配状態が到達しようとも、なお生産総額の乏少(ぼうしょう)を免れ得ぬということであろう。一年の勤勉精励は半分を施すに処なく、もし慢性の失業を避けんとすれば、いち早く家庭の分解を試みて、息子を町へ、娘を工場(こうば)へ送り込まねばならぬ。村に若干の適当なる職業の、新たに起らんことを希望する者は、決して農業に対する叛逆者のみではない。兼業・副業・分業の可否優劣などは、まず農場の自立し得る限度と、いかにして耕地を適任者の利用に、配分し得るかを考えてから後のことである。田畠が不足であってどの家も少しは作ろうという希望があれば、いやでも第二業の混入を迎えなければならず、その度がやや過ぎれば冷淡なる農民の、生ずるのもまたやむを得ない。誠に純農精農は国の宝であって、島の帝国を三千年の安きに置いた、主たる功労も彼らに属するのだが、それには条件としてまず独立を与うる必要があった。農村にして今後もなお引続いて、農家を中心とする共栄を欲するならば、改めて自らこの農場配当の問題を考えなければならぬ。

土地の公共管理は日本の農村においては、必ずしもあり得べからざる夢想ではない。現に田畠を珠玉のごとく死蔵した時代でも、なお他の雑地はこれを一般の用に放置して、末には惜気(おしげ)もなく細分してしまったのである。村と村とは尺寸(せきすん)の境をも争いながら、内には労力の調節のために、始終耕地の割替(わりかえ)を続けていた部落も多かった。作人が業を廃して上米(うわまい)に衣食し得た期間は、幸いにしてまだいたって短いのである。そうして土地の収益を農を営まざる者に分配するの苦痛はすでにしたたかにこれを実験した。いわゆる不在地主の持地(もちち)に対しては、事実上村民がその先買権を行い得た。田畠を他村の者に渡すまいと決心すれば、協力によってこれを取戻すことも困難でなかった。自作農の創設維持は、国ではむつかしいが村ならばまだ若干の忍耐を持って、これを実現することもできるかと思う。ただ地主の不労所得を非難しつつ、耕作権の利益の外部に持去らるることを省みず、農民の独立を期すと称して、その実農場の無限に細分せられ、いたずらにいわゆる土地の足枷を引ずって、町と村との中間にさまよう者を多からしむるようでは、いつになってもそれがまだ問題の解決にはならぬだけである。

一〇　地租委譲の意義

土地を農業を営む者でなければ、ただ持っていても何の役にも立たぬようにしてしまえという議論は、随分早くから行われている。なるほど農作に少しでも余得のある間は、それが株になり働かぬ人の収入になることは、小作権の場合とても同じことで、地主がもし寛大無慾ならば、その下に必ず第二の貸手が出来る。がしかし今日の自由財産制の下では、土地の資本化を防止する手段は、そう幾通りもあろうはずがない。一番簡単なのは税に取ってしまうこと、これは旧藩時代の代官や奉行が実行してくれて、お蔭で多くの田地はただ貰うことができたが、格別農民にとって有難くもなかったことは、あたかも今の地主に向って礼が言えないのと同じであった。あるいはこの税一つで国家の経費が賄えるなら、それが全社会の生活を豊かにして、間接には農民も利益を受けるのだと、楽観した意見を試みた人もあるが、それだけではもちろん農村生活の、張合としては足りなかった。

土地の増価の少なくとも大部分が、耕作している間は耕作者の利益に帰して、やめたら持って退くことのできぬようにしておければ、それで始めて小作人の紛争はなくなる。技能学術の人に優れた者が、新たに農によって家を興し、かつは世の中への供給を豊かにしようという場合にも、障碍(しょうがい)は前よりも少なくなるのだが、その方法が今までは立ちにくかった。ところが地租を町村に委譲しようという計画は、これを計画した者にはその予想がなかったにもかかわらず、偶然にも我々に新しい希望を与える。現在の案では国家がまだ税率の上に干渉して、土地の利益の全部は徴収させせぬに相違ないが、とにかくにそれを個人に分配してしまっても、村に積んでおいても結果はほぼ同じだということを、学び知る機会だけはこの税法が与えてくれる。出入自在なる農業者に持たせていると、時には濫用の虞(おそれ)もある部分だけは、これを団体の管理に留(とめ)ておいて、しかも彼らの利益のために使うということは、以前失ってしまった共産制の補充としても、はたまた同地住民の新たなる結合方法としても、たしかに一挙両得の妙案といってよい。

利己的ならざる産業組合の拡張、良心に忠なる農民組合の改造、その他現存組合のいずれか一つの努力によって、まだ農村の希望はいくらでも成長するわけであるが、各種階級の利害を討究して、できるだけ少ない苦痛を以て、抵触を調和し混乱を整理しようとすれば、やはり視野の広く経験の豊かなる、古来の公共団体を働かせるのが便利である。殊に労力の配置調節のために、土地権利の財産化を防ぐ段になると、新たに付与せられんとする課税権などは、最も有効に働かせ得る見込がある。一たび平心にこれを試してみたいと思う。

第九章　自治教育の欠陥とその補充

一　村を客観し得る人

農村の改革はいつでも時期が遅れる。従って無益の苦悩を重ね、また不必要なる破壊を伴のうて、しかも適切に現状と相応せざる変更を以て、満足しなければならぬ場合が多かったのである。平和を愛する人々が概して保守派に属し、徐々にかつ不徹底なる救済によって、ただ一時を経過せんと力めたのも、必ずしも彼らの冷淡と臆病とを意味しない。主たる原因は与えられたる制度が、国のほとんど全体を包括するほどの大規模なものであって、いかに不満と憂愁に充ちたる農民でも、これを批判することがすでに容易でなく、ましてや別案を立てて比較の優劣を論証せんことは、個々の能力の及ぶところでなかったからである。それゆえに改革はしばしば一隅に行われ、また多くは外部の示唆に始まっている。外部には公平なる達観があり、また同情ある注意を期待し得るが、その批判が各自の共同生活にとって、果して切実のものか否かは、別にこれを裁決するの力を要する。例えばこの小さな一冊の書物などに、何らの私心なきことは確かだとしても、これが全国十七万余の部落に向って、均しく幸福の経典たることは望み得べからざることである。その説の従うべきや否やを定むるは村人の業務でなければならぬ。それを国論の自然の傾きに任せておいて、いたずらに政府の無関心を慨歎すべからざるは明かである。政府は毛頭もこの問題に無関心ではない。ただいまだいかにしてこれを導くべきかの方法を見出すだけの力を持たぬのである。

むしろ幸いに、国論はなお少しも統一していない、区々相容れざる言論は村に向って進められている。その一つを採ることはむつかしくないまでも、全部に盲従することは絶対に不可能になった。どれかが誤謬であり、もしくは虚偽であるかも知れぬという危険と共に、正しいものを見付け出す興味も加わって来た。比較は練習の便宜を供し、学術と統計とは段々に思慮を正確にする。この上はただ問題の討究のために、自分の生活を客観する習慣を、養うことができればよいのである。こういう際において新たに都市に入って住んでいる兄弟姉妹の、同情ある回顧は価値がある。少なくとも銘々の郷里に対しては、彼らは益友でありまた事情通である。鮮明なる少年の日の記憶を保持しつつ、深き好奇心を最近の変化に注ごうとしている。現在故郷の人々を悩ませている疑問は、かつて彼らが懐いていまだ完全に解き能わざるものと同じである。もとより結論としては多くを期待し得られぬが、少なくともその第二種の観察は利用すべきものであった。個々の農村の生活に仮に補うべき弱点があるとすれば、それをまず指摘しまた批判するのに、彼ら以上に適当なる者はなかったはずである。

二　保護政策の無効

村に生産の種類がようやくその数を減じて、人の手は年と共に多くなり、以前百戸を辛うじて養うた百町の田畠を以て、今は百二十戸の住民が衣食せねばならぬとすれば、誰かの生計の苦しくなるべきは当然の結果である。必ずしも都市の誘惑がなくとも、外に出て新なる仕事を求めようと思う者が、その中から現れるのにすこしでも不思議はない。移住者の悲みは別離であり、大なる損失は婚姻の延期であった。わずかなる村内部の余裕でも、容易に勇気乏しき者の離村を引止めることができたのである。それをもし病的現象と認めるならば、治療の術は新たなる職業の蒐集によって労力配置の方式を改むるか、しからざれば農業の利潤を多くして、余沢を仕事のない者にも及ぼし得るようにすればよいのだが、この方はいたって希望が少ない。農産物市価の騰貴を悦ぶ頃には、大抵はそれと前後して他の物価も昂っている。

消費者としての都市住民の批評が、特にこの一点に関しては冷静であり得なかったことも事実である。このいわゆる保護政策によって、実際に農民の保護がなし遂げられる場合でも、それだから我慢をしようと思った人はないかも知れぬ。あるいは何かの対抗方法を以て、保護の目的のむだになるような経済現象の、発生することを期したかも知れない。しかしまだ十分にその結果を試してみる折もないうちに、かえって農村の方にこれは保護ではないと、感ずる者が多くなって来たのである。最も簡単な証拠は何年間続けて、穀価の維持策を繰返して来ても、お蔭で楽になりましたといった者は一人もない。医者ならばこういう場合には必ず藪医者と評せられる。つまり治療の効能はなかったのである。その上に小作料を米で取って、ただ今まで通りになるべく割よく売払おうとしていた地主が、次第に強慾のごとく人の目には映じて来た。彼らが持地を書入れまたは換価して、一層村の農事と縁を薄くしようとする誘因ばかりが多くなった。そうしていよいよ何としても決裂しなければならぬ小作紛争に打付かったのである。

調停がただ姑息なる一時凌ぎに過ぎぬことは、認めざる者はないことと思う。外部の眼から見れば厭ならば借らぬか、貸さずにいられぬなら要求通りに小作条件を軽減するか、この二つより以上に押問答の結末は想像し得られない。政治が干渉しようが法律を制定しようが、契約の強制も泣寝入の命令も、共に不可能なることは今から判っている。日本人の気質と最も調和せぬ言行、殊に田舎では嫌われている悪癖、すなわち見え切った問題に文句を附けて、いつまでも事件を紛糾させ、そのうちに相手がうんざりして、理論抜きに負けて遁出すのを待とうという類の戦法が、流行する結果になったのも原因はこの他にない。すべてただ一箇の弱点を直視し自覚することを、なるべく避けておろうとした祟りであって、この勇気の欠乏は今後も形を変えて、悪くするとまだ我々の心の故郷を、襲うて来る心配はなしとせぬ。町に出ている者だけが安閑として、この状勢を観望していられぬのは、決して悩む者が銘々の知友・旧同窓であるというためばかりではないのである。

三　都市の常識による批判

都市に居住する者の常識では、挊ぎの種が十分でないために次第に食えなくなることを、不思議の内には算えていない。失業は明かに一般の経済組織の欠陥であって、個人にはこれを防止する力がないものであるにもかかわらず、無理な技巧を弄(ろう)してまで、各自に次の新たなる手段を捜索し、ついにこの怖るべき自由競争の社会を現出したのである。それに失敗して飢えた経験を、もっている者はいたって多く、稀には黙って滅びて行く者を、是非なき次第と目送した場合もあった。だから第一には村に住する貧しき同胞が、何ゆえにその稼業の縮小を患(うれい)としなかったかを、疑い怪(あやし)まずにはいられなかったわけである。

ところがこういう人生の入口に横(よこた)わる問題についてさえも、農民たちの考え方はもう別であった。百年以上も前から口癖のように、村は生活こそひどいがその代りには安気(あんき)だといっていた。安気ということは休日(やすみび)が多く、雨降り雪地を覆うて働けぬ日があるほかに、今日の作業を半分は明日に残しても、格別生産の効果を増減しないほど、勤労のまばらであったことを意味し、同時にまたどん底の窮乏に陥るまでに、何かの方便があって拯(すく)われることを意味したが、それには飢餓点附近の彷徨(ほうこう)から、脱出し得るという保障は伴うていなかった。豊年の秋すら米の浪費が戒(いまし)められ、冬は干菜(ほしな)を食い臼(うす)の埃(ほこり)までも茶の子にして、わずかに田植正月の飯米(はんまい)を繋(つな)いでいたが、それでもまだ金銭には見積らなかった多量の手間を支出して、家計を補充する途(みち)は具(そな)わっていたのである。その頃に比べると生活は遥かに進んでいる。衣料はもとより日用品・什器(じゅうき)の種目は増加し、農具から肥料のほかに求むべきものが多くなって、しかもかつてそれに向けていた労力は無用になったとすれば、収支の喰違(くいちが)いの出来るのは明かなことで、むしろ今頃まで破綻というほどのことを見ずに、過ぎ得られた理由こそ説明せられなければならぬ。

明治前半期の農産物市場の開拓、都市を成長せしめた消費人口の急増、その他の原因はいわゆる勧農の政策と合体して、一時農地の生産力を著しく躍進せしめた時代があった。村の労力は新農法の興味に誘われて、少なくとも質においてはその供給を増加することができた。昔の休日は半分に減じ、小農の熱情と注意とは倍加して、旧耕地の収益を豊かにしたのみならず、開墾はかつて不可能と認められし区域にまで拡張して、しばらくは純農独立の困難を忘れしめた観があった。その中でも一番よく働いたのは養蚕業であったろう。土地はもちろんその用法の変化によって、これ以上にもなお多くの労力を用立て、従ってなお多くの生計を支持させる見込はある。しかも穀物の自給は単に政治の一大伝統であるのみならず、水田の特殊性は永遠に我々の農業を拘束しようとしている。米の迷信は順次に誤ったる政策を導き来(きた)って、再び農村住民をして狭苦しい耕地の上に、悲しむべき争奪を試みしめるような形勢を招いたのである。

四　人量り田の伝説

米を主産とする習慣を保持しつつ一方百姓に雑食の消費を強制しようという類の勤倹令が、無理な農政であったことはもう説明するにも及ぶまい。そんな規則が昔から必要であったはずはない。古い地方の学者は皆御用学者であったから、決して露わには説こうとしなかったが、一反三百六十歩の割方が、一年の民食と関係のないものとは考えられぬ。すなわち一段の田は一人一年の食糧を生産するという予定が、大化班田の男二段、女と下人はその三分の二という計算の基礎になったことは想像してよいのである。太閤の検地はこれを今日の三百歩に減じ、諸種の運上を年貢に結ぶことが始まったというが、なお目の子算用の根本は各村の反別にあったと思う。自給の時代には食物がなくては村が立たなかった。海川山野の生産の補充を勘定に入れても、一人一段歩は恐らくは最低の限度であって、それ以上に人が剰れば居り切れぬことは知れていた。そこで表向きの奨励こそはせぬが、江戸初期のいわゆる人返し法は次第に弛み、人の出入は年増しに自由になり、享保・天明の大凶作の経験以後は、説くに忍びざる人口制限手段さえも、黙認せられたかと思う形跡がある。人を量って剰りを棄てたという人桝田の口碑なども、夢には相違ないがこの心理に基いた悪夢であった。

しかもできる限りは余分の人を抱えておこうという企てと、なるべく居りたいという希望とは共にあった。村が古く土地が好ければ、その愛著はさらに深い。近畿諸国の村々のごときは、いわゆる添拵のないというものがかえって尠ない。それも一朝に流行したものは衰えやすく讃岐の円座、泉州の櫛、さては三島の菅笠というように、町もなかった古い時代から、公認せられていた分が久しく伝わっていた。それらの工業がことごとく時を失い、都市の企業に取って代られたということは、農地の広く豊かな他の国は知らず、日本の田舎にとっては非常の大事件であった。村の市場はこれがためにまず衰え、村と村との相互の交通は利用すべからざるものになった。仮に生計の抑損がこれに伴なうことなくとも、くすんだ用心深い酒の力のみがよく働く、農村と化する原因は十分であった。口で伝わっている農民の文芸を味ってみると、我々の村生活は元は今少し活々としたものであった。それが近世の種々なる経済上の理由から、何度も変化したその一つの状態を捉えて、素朴温順と名けて無上に感歎し、できるだけこれを保存しようとしたのは、無知に非ずんば為にするところある者の矯飾であった。農さえ保護すれば農村は維持し得るかのごとく考えて、むしろ住民の生存能力のこの一小区域に限られんとするを慶賀したのは、誠に不幸なる文字の誤解であった。

いわゆる純農の村の静穏なる光景は、詩人ならずとも容易にこれを幻に描くことができる。ただし必ず村をかくのごとき牧歌情調に保存せんとせば、まず人量り田（ひとはかだ）の古伝説に学んで、耕地の面積によって置くべき人家の数を算定しなければならぬ。そうして不用の分を棄てることもできなかったら、やはり競望が起って持っていて貸そう売ろうという者に、存分の要求を認めざるを得ぬであろう。これを逃避すべき平和なる方法は副業であるが、副と言おうが主と言おうが、二種の生産を兼ね行う以上は、業は精（くわ）しくまた専念であり得ない。一つの本業を確立させようとすれば、すなわち農場の分合と第二業体の選択とが必要になって来る。それを軽視して流行と有合（ありあわ）せに一任していた結果は、現在の小雑貨店と飲食店との、乱雑なる消費以外の何物でもあり得ない。

五　村統一力の根柢

すべてが簡単に推理せられるような、結果しか現われてはいない。原因はすでに学者のしばしば説くところであった。事実と数字とは誰にでも分っている。たった一つの予期のごとくでなかったことは、これを避けんとする計画が、今まで多くの村ではいまだ試みられずにいたことである。新たに攻究せらるべき問題がもしありとすれば、何ゆえにこの天下普通の常識が、斯様(かよう)によそよそしく取扱われていたかという点であろう。何ゆえに農村衰微というような容易ならぬ叫び声が、深き感動を以て人の耳を刺しながら、これという効果もなしに十年もそれ以上も、空しく繰返されていることができたかという点であろう。私たちの見るところでは、方法がないといってただ手を束(つか)ねて悲しんでいた者は少なかった。誰かが何とかすることを、希望し期待している者は今でも多いのである。ただ一つ村には熱烈に救われんと欲する人はあっても、自分らの力が自ら救い得ることを、心付いている者がいたって乏しい。しかも結合が一つの新しい勢力であることはすでにこれを体験し、普通選挙が政治の潮流を転換せしめんとしていることも、もう彼らには明かになっている。だから政府でなければ何事も企て能(あた)わざるごとく、考えているというのは惰性である。組合の本旨に関する無知であり、また教育の欠陥である。我々の経済自治は何よりも先にこの潜(ひそ)みて現われざるものの、開発に着手しなければならない。

　最初に教えられる必要のあることは、人の団結に二つの様式があったという一事である。村の結合のごときは本来鞏固無比(きょうこむひ)のもので、外に対して守って最も力ありしのみならず、内に一個の卓越した意志を保持する場合にも、常にいわゆる一糸紊れざる統制をなし遂げ、たまたまこれと争わんと欲する者は、必ず粉砕せられざるはなかったのである。多くの慣習はこの間に固定し、その遵奉は、直ちに各員の権利とも威力ともなった。ゆえにその最も円熟した外形から見ると、後に発達した組合とよく似てはいたが、村の方には始から自然の中心というものがあって、各分子は層をなしてこれを包んでいたのである。根原は恐らく人類の勇智差等、力ある者に服従してその保護に寄らんとしたものであろうが、記録始まって以来は村に長あり邑に君ありとあって、その地位もまた慣習の指示するところであった。領主は実質においては以前の族長の継続で、後次第に他家の子弟を収容して、これに族人の待遇を与えたことは、前にも述べておいた通りである。村の武力が引上げられて後まで、なおしばらくの間は以前の親方組織の単一経済が残っていて、秩序の解体を免れしめたことは、つい近頃まで普通の状態であったことは、代々名主の制度がこれを推測せしめる。ほとんど当然と解して我々は怪しまなかったけれども、外部の権力に基く一つの機関をも要せずして、この久しい間村を静かに治めて行くことができたのは、取りも直さずこの古くからの慣習が、壊されずにあった証拠であり、同時にまた時世の変遷と折合って、常に少しずつは動かなければならぬ、運命の下にあったことをも意味するのである。

六　平和の百姓一揆

一揆（いっき）という語は『太平記』などを見ると、もとは小さな武人の聯盟（れんめい）の名であった。いわゆる小名（しょうみょう）たちの切れ切れの武勇では、功名を野戦の掛引（かけひき）に期し難かったゆえに、事あるに臨んでこういう申合せでもしたかのごとく、解している人が多いかと思うが、もし平生の生活上の利害が、かねて彼らの和親を導いていなかったら、動乱はむしろ相互の侵略に、便利なる機会であったかも知れぬのである。武蔵（むさし）の私の党などは血縁の起原をさえ想像せしめる。そうでなくとも通婚その他の交際が夙（はや）くからあって、土地の隣接という以外にも、彼らを団結せしめずにはおかなかった何かの理由が、社会的には具（そな）わっていたのである。相隣りする二つの部落は、異なる領主に属した場合はもちろん、一領の下にあっても通例はよく争い、争わざるまでも拮抗（きっこう）していた。それが孤立の微力を感ずるなり、もしくは事業の困難を覚（さと）るなり、とにかくに進んでいわゆるその揆を一にせんとしたことは、恐らくは各自の経験が元であって、別に外部にあってこれを命じまたは促した者はないのであった。従ってその相互の関係も、対立平等のものであった。現代農村の新たなる経済事情において、ようやくその意義を認められんとする組合の思想は、必ずしも全然我々の祖先の、学び知らざるところではなかったのである。

ただし多くの民族において、記録は学問に伴い、学問は通例中心ある結合の内層に成長するものであったゆえに、その目途（もくと）はもっぱら上下本末の関係を明かにするにあって、多数民庶の横列対等の交通のごときは、歴史として深く省みられずに過ぎたのであった。族制婚姻のごとき重要なる社会事実が、百代を重ねてなおいまだ特徴を詳（つまびら）かにし得ぬなどは、その一つの著しい例である。一揆という珍らしい文字が偶然に久しく保存せられ、末にはいわゆる竹槍蓆旗（ちくそうせっき）の農民の暴動ばかりを意味するようになったのも、今日となっては興味のある回顧である。一揆が怖るべき治安の攪乱（こうらん）と目せらるる以前、すでに百姓の分際を以て、互（たがい）に通謀しまたは徒党を企（くわだ）つべき方法も具（そな）わり、かつ必要も認められていたのであった。ただそれは往々にして地方既成の秩序ある団結と両立し難きものであったために、むしろ抑圧せられて次第にその発露の形式を過激ならしむるに至ったのである。近年多くの研究家などは、果してこの点について分類を試みたか否かを知らぬが、百姓一揆にはもと悲しむべく豊富なる失敗の経験があった。単に一個の共通の利害を防衛して起（た）たんとしたものは、殊に半途の蹉跌（さてつ）が多かった。謀主が謀（はかりごと）を廻（めぐ）らし村々の有力者がこれを支持して結局においてほぼ素志を貫き得たというものに至っては、その構成がすでに複雑であり、その動機もまた一揆と称するに適してはいなかった。すなわち私の党の旗頭に丹治直実あって、独り武名を馳せたと同じく、これもまた一種の親方式作業となって、その成功はただ新たに第二の段階結合の存立を、便とするに過ぎなかったと思われる場合が多い。農民が平時の教練を積まず、かつ古風の統一に馴れ過ぎていた結果は、かくのごとく容易にその多数の力を他に利用せられることになるのであった。この弊はなお今日の平和な政治一揆にも及んでいる。人は多数の勝利を歓呼する際に、しばしば当初の目的の移り変っていることをさえ忘れていた。盲従雷同を統制と解して、往々にして少数幹部の私を遂げしむる例さえあった。しかも本来の名義が平等であったために、その独断の成績はむしろ以前の第一種の団結法に比べて、より多くを望むことを得なかったのである。

七　利用せらるる多数

ところが他の一方農村在来の一致行動においても、次第に下層住民の多数の要求を、表面の名義に利用せんとする風が盛んになって来た。いかに手前勝手な下渡運動でも、ないしは補助救助の申請でも、いわゆる村民一同の希望を理由とし、百姓困窮の状態を口実とせざるはなく、その一句があれば官庁も請託を容れやすく、また必ずしも効果の果して声明のごとくであったかどうかを、他日あらためて見るにも及ばぬように、最初から総住民の連名署印を取っておくのが普通であった。そうしてこの印形こそは何物よりも手軽に、いわゆる総代有志家の借りて使うことのできる品であった。

村を一様に貧しくした共有林野の分割と譲渡、その他各種の外部資本の征服は、ことごとくこの一つの方式を以て、近年全国にわたって行われたのであった。内に利害の相容れざるものがあるのみならず、時としては強いて一部の者が富まんとすることによって、他の部分の窮厄をはなはだしからしめた事実さえある際に、常にこのような一蓮托生の方法を講ぜんとすれば、ついにはその結果が今日の米価釣上策のごとく、人をも自分をも欺くものに、帰着することはやむを得ない。すなわち団結は一見有力の防禦手段のごとく感ぜられて、たまたまかえって対社会の孤存と、内部組織の崩壊とを、併せ収めるようなことにもなるのである。例えば農民の米を購うべき者は次第に多くなった。小農はもとより売るべき多くを持たず、売れば必ず後にまた買わねばならぬ。彼らが大勢に附和して相場の昂騰を喜ぶことは、結局は他の日用生計費の増加を忍び、土地の価格を獲難く手放しやすき状態に置いた以外に、何らの効果はなくして、ただ消費者との提携を不可能にしただけであったが、彼らが一致を快しとするの情は、今なおこの簡単なる推理をすら、避けて試みざらんとしていたのであった。

弊害の速かに除却すべきはもちろんの話だが、さらにその起原を究めてあらかじめ後顧の憂を絶っておかなければ、進んで新たなる幸福に入って行くことができない。村の協力を必ず有効のものとするためには、まず第一には印形を大事にしなければならぬ。自分で考えたことのない多数決を作ってはならぬ。それに服従しなければ、叛逆と認められるような無用の畏怖心を抱かしめてはならぬ。議論と喧嘩との差別には、代議士ですらまだ迷うている。村の人々の多弁を憎むのは、今まで何度となく口賢き者に、ひどい目に遭わされた経験があるからで、少しも無理のない感情ではあるが、幸いにして彼らの間には、まだ文句の力を借りることなく、互に諒解するだけの道が具わっている。いわゆる知合は組合の最も大いなる教育であった。自他の利害を比較した上でないと、調和も妥協もあったものではない。調和のない一致は有害にきまっている。仮に当人たちはまだ気付かずにおろうとも、必ず誰かの不幸の原因になっている。しかも今日はその不明の原因を誇張して、憤りまた争わんとする者がすでに多くなっているのである。

八　古風なる人心収攬術

しからば本に遡って農村の利害を、今一度ただの一筋に纏めてみてはどうか。前代を愛する人々の切なる望はこれであり、もしくは偽善者らの強いてこの辞を弄する者はあったが、これを現実の傾向に照らして見れば、恢復は到底常識の期待し得るところでないのみならず、それが果して幸福であろうかどうかも、今日においてはかなり大いなる疑である。強力なる生産単位に全部の信頼を打掛けて、親方農場の豊凶盛衰以外に、別に各人の禍福を予想する必要もなかった時代ならば、なるほど郷党の利害は純一であり、それを協力して守護することが、一つしかない生存の道であったかも知れぬが、その代りにはぜひとも認めなければならぬ服従というむつかしい条件が一つあった。中世人の考では、これを条件と言わんよりも、むしろ服従は保護の別名であったという方が当っている。いかなる場合でも二者は併せ保ち、また併せてこれを棄てなければならなかった。ただ天然と人為の外部の危難が、今よりも遥かに避け難かったために、特にこの中心ある団結の必要を感じ、またこれを自然が指定した唯一の手段と認めて、満足して生をその間に聊んじていたのであった。

だから我々の生活が少しずつ自由になったと共に、いわゆる恤まれざる者が村の中にも出来て来た。あるいは保護の力が隅々に届かなくなって、次第に独自の思慮を許すようになったといってもよい。とにかくに村の統一方法が、改めて評議せらるべき時期は到達したのであったが、なお何とかして以前に劣らぬような中心の力を保持したいという考が、上に立つ人々の心を支配したのであった。これにはいくつかの興味ある原因が算えられるが、要するに当時はまだ大規模の変革を行うべき必要もなければ、方法も見付からなかったのである。しかもこの時期を境として、農村の中堅は始終移動してやまない、やや不安固なものになって来たのである。

今日の語でいう理想的人物の標準が、土地と時代によって何度でも変っていた。家格が人格という近代式標語と、改まったような例は珍らしくない。全体からいうと、門地と資産、旧功の感謝と新たな手腕の期待とが、常に対立拮抗の形を呈しているのだが、面白いことにはその間を一貫して、今なお大昔以来の保護服従の関係が、かなり有力に人の心を繋ぎ合せている。今日の親分たちには、土地をただ遣るほどの能はないけれども、その他にいろいろの人を一門化する方法を持っている。中でも古風なのは猶子・取子、カナ親・名付親等の名を以て知られているもので、今では指導もせず訓練にも参与せず、これぞという恩恵は認められぬにもかかわらず、その間の義理は実親より重いとしてある。これに準ずべき者には嫁聟（よめむこ）の世話、寄留人（きりゅうにん）の身元引受、それから今日ならば就職の口入（くちいれ）とか、喧嘩の仲裁、借金の始末のごときものがある。こういう定まった若干の事件だけに限って、人の恩は特に有効にこれを受ける者を束縛し、永久にその下馬（したうま）を強いんとしている。土地の顔役とか有力家とかいう人々には、案外にまだこういう根拠の上に立つ者が多い。それが不幸にして大勢に通ぜず、ないしは片意地、偏頗（へんぱ）な男であったとしたら、村の団結の必ずしも幸福なものでないことは明かである。仮にその誠意が少しずつ、公益の方面に伸びて行くとしても、なお多くの行掛（ゆきがか）りに拘束せられて、衡平の立場を維持することがむつかしく、末には大抵は次に起る勢力と争うて、無益に自治の生活を動揺せしめた例ばかり多かったのである。

九　自尊心と教育

村が急いで解決しなければならぬいくつかの問題を抱えていながら、とかく事なかれ主義を以て群議を鎮圧し、いたって率直なる青年の疑惑にすら答えまいとしたことは、臆病でもあればまたかえって紛乱の種でもあった。厚顔なる少数の空論家が、最も時を得るのは、むしろ村民の知識が実際から遮断せられて、一般の批評の敏活に働き得ない場合であった。だから徳望ある先輩などの、幸いにして全幅の信任を収攬(しゅうらん)している期間が、殊に次の代の反動と破綻とに備うべく、力を自治の教育に費(ついや)すべき必要の多い時であった。いわゆる長老の御談義(おだんぎ)はあまりにも変化以前の黄金時代を説くことに偏して、新たなる組合生活に必要とする人物の養成に疎であった。

人物の必要はもう古臭いと思うほど、今も盛んに説立てられている。しかし親分気質(かたぎ)の指導者だけならば、格別骨は折らずともこれからもまだ出て来る。これに比べると遥かに困難であったのは、穏健なる組合人の資格を作ること、すなわち村の平等観の練習であった。これには近年の名士たちの村のためによく尽したという者までが、幾分感情の上から反対しようとさえしていた。小農の地位の久しく進まなかったのは、必ずしも単純な貧乏のためではない。彼らを金持にすることはもちろん容易な業(わざ)でもないが、したから直ちに伸び伸びと明るい生活に進出することが、できるものとは定まってもいない。百姓の泣言(なきごと)という諺(ことわざ)は、彼ら自身も笑いながらこれを口にしている。それが宿命的な一つの昔からの生活方式であったとも考えられる。これと同時に都市の生活などは、貧乏はもっと激烈であっても、人の関係は段々に対等になろうとしている。つまりは相知らざる隣人の間には、保護ということが到底想像せられず、またこれに伴う身分の高下というようなものが、交通結合の条件にはなっていないからである。ところが田舎においてはお顔とか体面とかいうものが義務を決定した。身分格式は響きの佳い語でもあろうが、必ず一方にこれと対立する者の屈従を推測せしめる。こういう関係を今しばらく保存しようかどうかは、国としては夙に決定してしまった問題である。貧乏だから憫まれるという理由はないということだけは誰でも認めているのだが、実際に当ってこれを力説する者がなかったために、独り小農が常に憫まるるのみならず、やや資力ある者さえ彼らと共に、連合して国の同情に活きんと心掛けるのである。こんな情ないことはないと思う。

百の講習よりも、今ではこの自尊心の啓発が大切な急務になっている。国の立場から見るといかなる困窮に堪えてなりとも、農民がその耕作を持続し、食料の供給を保障してくれることを願わざるを得ない。それゆえに古来百姓の離散せざる限度において、その地位を愛護し生産を援助することを以て、農国本政策の骨子とする必要があったのである。しかもそれとは別立して、農民にも生活はあり子孫撫育の要望がある。通例は郷土は愛着の殊に深いものがあるが、もし現在が救われ難しとし、もしくは光明が新天地に輝けりと見るならば、思量して今の境涯を脱出するか否かは、全然彼ら自身の問題であった。その判断に時として誤謬あり、その病弊を自然の治療に委ぬべからずとするに至って、国はすなわち手を下して趨勢を挽回するのであるが、それはまた直接農業者の企て得る案件ではなかった。今日の教育はこの二つの問題を混同してしまった。混同というよりも村に行われた農民自身の教養を制限して、以前これに参与していた郷党の父老をして、まったくその貴重なる協力から手を引かしめ、単に官府の教科書を以て、農民の必ず憫まるべきことを教えんとしたのである。小さき英雄らが背後に政治の支援を負うて、村を再び酋長の領地のごときものに、引戻そうとしたのもやむを得ない結果であった。

一〇　伝統に代る実験

村の教育では確かに人を助けんとするの志願があった。微々たる小農の力なりといえども、これを糾合するときはまず天然の威圧に対抗し、次いではこれを駕馭して人生の用を致さしめることができるということは、彼らにとっての心強い実験であった。土地を持つという誇りが、常に漂泊者に対する同情となって表れたことは、村の接客法が貿易の起源となり、贈答があらゆる儀式の基礎となった国風(こくふう)を回顧すればすぐにわかる。何人(なんぴと)とも闘わずして国の富の最も主要なるものを生産するという意識が、かつては彼らをして自由なる外部文化の批判者たり、選択者たらしめた時代さえあったのである。この自得は一方には彼らの道義心を鞏固(きょうこ)にし、他の一面には技芸の興味を豊富ならしめた。百五十年前のツンベルグの紀行には、日本の農芸の進歩は世界に類のないものだろうと記している。農民は必ずしも生産のためにでなく、驚くべき天分と熱心とを以て、技芸として耕作を完成していたことが異人の眼にも明らかであった。これが強いられたる経済の特徴でなかったことはもちろんであるが、いわゆる勧農の多くの記録には、すこしでもこの点に重きを置こうとしなかった。

彼らを納租の忠誠と隣保(りんぽ)以内の善行に、跼蹐(きょくせき)せしめたものは行政であった。村の生活には多くの忍耐、多くの辞譲を必要としたことは疑(うたがい)がないけれども、この国人の気風に照して、それのみで数百年の平和を保有したとは思われぬ。都市の新たなる圧迫に対立して、古い生活法を維持しようということは困難であったろうが、父老はなおこれに対してもさらに大なる努力を吝(おし)まなかったのである。彼らの教育の教科書は記憶であった。すなわち文書を以て伝うるの必要は見なかったけれども、その成績のみは後々に残っている。まず第一には村限りの問題は、ことごとく自分の力を以て解決している。今ならば処置に迷うべき酒と店屋物の売買、春を鬻がんとする職業の拒絶、不具・廃疾・孤独者の始末、それから「ならず者」と称して農に適せざる者の待遇等、以前はそれぞれに土地の掟があって、税吏はもちろんその決定には与らなかったのである。

都市の生活に対しても批評があった。現在は単に自ら検束せざる老人らが、その地位に非ずして旧い標語を暗誦するに止まるが、村の教育においてはそれが効果ある法則であった。大体に趣味流行に基く消費の自由を、各地各家庭の生産能力によって制限しようとしたので、その常識は健全なるものであった。ただし単一なる農村の生産組織においてこそ、これを貧富の等差と引離して考えることも不可能ではなかったが、一たび交通が開けて新たなる智巧の入り込む世の中になると、奢侈を自由財産制の敵として退治することは、段々にむつかしくなったのである。村が町風・田舎風の相異を認めて、垣根の此方に与えられたる境涯を守るべしと説くに至ったのも、恐らくはまたこの論理の不徹底を感じた結果であったろうと思うが、しかも驚くに堪えたる調和心は、夙に各利害団のそれぞれの自立を承認して、できるだけは比較の不利益な側面の接触を避けて、固有の長所を以て相助け相牽制しようと努めていたのである。

もちろん考察の不足と誤解とは免れなかったろうが、とにかくに時代の進むにつれて、社会組織の複雑さに対する用意だけは怠っていなかった。文化を一流れと考えて追随を以て能事(のうじ)とする風は、元はわずかなる読書者流に限られていた。町と村との最も著しい対照のほかに、村と村との間にも年齢の老少、存立条件の異同があった。地の利と人の増減とによって、わざとかと思われるほどに作業の配置をちがえている。村にもまた家々の得手・不得手、資力・家柄などのいくつかの段階があって、それが入交(いりまじ)って各自の本分を発揮するによって、始めて一つの集団の生活が立ち行くということを、あるいはやや過度にまで村人は承認していたのである。すなわち目途は明かに協調にあったけれども、彼らが階級意識と利益防護の念は、決していつまでも睡(ねむ)っていたのではなかった。そうして単なる精励粉骨ばかりでは、前途を押開く見込がほとんど尽き、まだ新たなる方法の考案が熟し兼ねている際に、ちょうど社会の大いなる変化が起った。新国家の統一教育は高く唱えられ、もっぱら読書算筆の習得によって、従前役人となり町民となるに適した生活準備を、あらゆる農村の童児にも付与しようとした。彼らを村の人たらしむるために、最も有効なる期間がその学校の中へ持込まれた。保守固陋(ころう)の嫌いはあったか知れぬが、永い年代の実習を積んだ自治訓練、うまく行けば都市へもその恩沢(おんたく)を頒ち得た耳の学問が、その無筆謙遜なる老教師の引退によって、突如として伝統の糸を絶ってしまった。そうしてわが村の生活を、書物で研究しようという人ばかりが多くなったのである。苦き経験には相違ないが、最近数年間の紛乱と動揺とのごときは、言わばこの教育上の欠陥を補塡すべき有益なる新種の練習であった。将来の農村人は新たに郷党のための教育を確立して、この失われたる経済自治の恢復を図らなければならぬ。国語の読本を別々にするくらいな小刀細工を以て、農村の生気を喚覚ますことができると思うように誤まったる先輩の意見に盲従してはならぬ。

第一〇章　予言よりも計画

一　三つの希望

保護がなくては農村は行立たぬという考え方、これが一番に人の心を陰気にする。何となれば保護はそう思う通りに与えらるるものでもなし、また保護があってさえなおこうだと、言ったような観察をする者もあり得るからである。村には古くからの悲観習癖とも名くべきものがあって、これによって便宜を得た経験がまだ幾分か残っている。ただ無垢なる青年のみは、果して彼らとその感を与にするや否や。これを知り究めたいと願うのは、決して単純なる好奇心からではない。物皆新らしき代の光に向って進む日に際して、独り一国生産の根幹と目せらるる農業のみが、治乱を問わず豊凶に論なく、常に綿々として窮苦を訴えてやまぬとすれば、これは明かに農村の病である。速かに根治の療法を講じて、安住の地を若き国民に引渡さなければならぬのであるが、この点に関してもなお彼らの自覚に待つべきものが多い。全国の青年は今幸いに結合せんとしている。そうして実は問題と事業の乏しきに苦しんでいる。しばらくこの大切なる将来の方策を、彼らの新たなる討究に任せておくのはよいことだと思う。

なるだけ多くの違った案を、比べてみることも必要である。私の意見もただその一つであって、あるいは完全なものでないかも知れない。これが最上の案でないようだったら、むしろ悦(よろこ)ばしいことだとさえ思っている。一つ練習のためにその理由が村々の実地と合するか否か、実現の見込のあるかないかを、考えてみる人の多からんことを希望するばかりで、始(はじめ)から信じてかかってもらう必要はさらにないのである。我々のためには、自由なる批評家は私心なき闘士よりもさらに大切である。人が闘わずんば救われずという結論に達する以前に、もう一度考えてみるべき問題がまだいくつでもあるからである。理想という語がもし空虚に聴えるならば、これを念願と言換えてもよろしい。全体いかなる状態に到着したならば、農村の生活はこれで満足というべきであろうか。単に衰微を免れるというに止(とどま)らず、進んで積極的に今繁栄しつつありと、住民の感じ得る状態はどんなものを意味しているか。この点を最初の問題としてみたいと思う。

人によってその答は少しずつ違うことと思うが、私などの思っているのは、まず第一に働こうという者にいつでも仕事のあること、それがこれならばよろしいというだけの、報酬のあることは申すまでもない。ほとんど不可能に近い難事業であろうとも、ただしはまた格別むつかしくもない註文であろうとも、ともかくもそうなるまでは我々は努めなければならぬ。第二にはこれと反対に、やめたいと思うときにやめられること。すなわち身に適したと思う次の職業に、自由に移って行くことができること。第三にはこの職業の選定について、人が自分のためにもまた世の中のためにも、最も正しい判断を下し得るだけの智慮を具えることである。この第三の点は殊に面倒な議論のあるべきことで、それは絶対に望まれぬという者もあろうし、あるいは身のためには正しくとも、世の中のためにはならぬ場合はどうするなどと、揚足を取ろうとすればいくらでも取れるが、とにかくにこれが望ましいことと極まれば、その方に向って進んで行こうというにはすこしも差支がないと信ずる。

二　土地利用方法の改革

少なくとも右の三つの条件が、さらに以前より悪くなって行く世の中は、頼もしくないから改めようということは言い得る。殊に農村においては明かにその事実を認めつつも、それは当然としまた何でもないことのごとく、解する人が多いから油断はならぬ。果してその逆戻りが心配なことでないかどうか。それが多数の農民家庭の貧窮感と、何らの交渉を持たぬものかどうか。これは改めて問題としてみるまでもないくらいに、我々にとっては明かなことである。しかも中心のない都市の生活においては、たとえ弊害の救済がこの三つの道にあることを知っても、各個の利害団だけの協同の力では、その目的を達する見込が立たず、いきおい法令行政の干与を促すことになって、永い討議を費して効果のないうちに、また世情の変る場合なども多いが、小さな町と農村とにおいては、ある程度までは団体の自力を以て、改革を実行する希望があるように思われる。もし幸いにして事情の相似たる町村が数あったとすれば、一方の冒険は他方の安全なる実験方法であって、徐々にその方法を改良して行くこともできる。私が弘く全国に向って農村の協同を希望し、組合主義をこの問題の研究訓練の上にまで、及ぼしてみたいと考えている理由はここにあるのである。

土地利用方法の改革に関しては、単に農村自身の機能、もしくは村を区域とする組合の働きによって現在の紛争を終熄し、農民の生業を安固にする見込があるということのみを述べて、詳しい方法の説明を他の機会に譲りたい。ただ一言しておくことは、地主がもし到底再び自作に復することのできぬ者であるとすれば、彼らが村に住して土地の収益を分取（わけど）りするだけの生活は、全然なくするかもしくはできる限り少なくした方がよろしいと思う。そうすれば少しでも多く農を営む者が、土地を持つことができるからである。すなわち自作農の創設は小作争議とは関係なしに、私はこれを必要と認めている。ただし現在の政府案は、評価法に未来の変化を参酌（さんしゃく）してない点と、その第二次の財産化を防止する手段が講じてないことと、局外にある国民の負担がたまらぬことと、この三つの理由から同意し難い。新たなる地主がもし入用ならば、それは土地組合かもしくは町村自体として、自然増価の利益はこれもできる限りにおいて、公共の享有に帰するようにしなければならぬ。それには課税権の新たに町村に委譲せらるることは、そのまま土地制度の改革に利用し得ないまでも、歓迎してよい新機運には相違ないと思っている。

　次に大中小農の優劣は、日本においてはすでに論議を絶している。少しでも多くの農民をその故郷に住まわしめ、土地と職業との移動をできる限り少なくしようとすれば、もはやその間に新たなる資本家式農場を、成立せしめる余地はほとんどあり得ないからである。しかしそうかと言って小さいにも限りがある。いわゆる添拤（そえかせぎ）が絶対に必要で、それがなくなれば豊年にも失業者として悩まなければならぬような過小農は、苦労が二手に分れるから本人にも損、社会にとっても実は不利益である。生産の効果は挙がりにくく、面倒なことが起りやすい。耕地も増さぬのに農家の数ばかり多くなることを、繁昌の兆候と見るがごとき愚かな考がなかったら、耕地は今までにも合併をしていたはずである。将来は計画を立てて追々に農場の剪定ということを断行しなければならぬ。もちろん法令などの力で、一方の廃罷を強制するという性質のものでない。永い間に人と土地との移転する機会を待って、それを利用するのが主たる方法で、それには耕作者自身の団体の協力によるの他はないのである。

三　畠地と新種職業

大体の計算では田一町に畠五反、それより小さい農場は独立して農業を営み得ぬものと考えられているが、むろんこの数字は絶対不変でない。同じ米作でも力を多く費し、または資本を都合して収益を倍増する工夫が、追々と講ぜられている。四石期成・五石期成がすでに驚駭ではなくなり、この頃は一段十石を目標とする富民協会さえ現れている。これは産物の値段との関係もあり、また資本の供給方法にもよることで、全耕地をその状態まで持って来る見込はまずないが、そういう利用の安全に行われる地方なら、一農場の平均地積をずっと小さくすることもできる。次に水田裏作の奨励も、日本近年の農業政策の中で、最も社会的効果の多かった一つである。農家の作業はこれがために、非常に一年中の調子が取易（とりやす）くなり、また小農の辛抱がしやすくなり、お蔭で高い小作料までが、幾分か緩和せられる結果になった例が多い。しかし事実において何としても二毛は作れぬ田もまだ少なからず、そうして利用の進歩が経営拡張とはならずに、かえって今ひときわ農場を細分する、便宜を与えたのは困ったことであった。

畠は水田に比べると遥かに利用が自由であって、それが近代日本の農業の行詰まりを、くつろげてくれた功績は偉大なものがある。作物年々の種類・数量の変化は、もっともこの方面において農民の計画力、時代に適応せんとする鋭敏なる才能を認めしめる。ただこの二種の耕地の配合が、村によって極端に区々であるために、業主以外の者が考案した農法は応用し得られない。従ってまた一つの興味ある、しかし厄介なる問題が加わって来るのである。都市の周囲の園芸業や、その他の特殊作物の著しい発達を見ると、強いて細小農場の合併を期するにも及ばぬようだが、こういう利用法は実は別途のもので、他の大部分の畠地はその前例を追兼（おいか）ねるのみならず、これらの畠作中には土をさわるから農というのみで、目的方法からこれに携わる者の心意まで、全然第二の産業となっている場合が段々に多くなっている。従ってこれもまた時代と土地の事情とを参酌して住民自身が大体の方針を、決定しておく必要あるものの一つである。

しかもこの畠作業の自由から、次第に展開して行く農村の未来には、まだいろいろの有望なる未知数が含まれている。村に新種の業体の数を増すということは、仮に結構なことでなかったにしても、今ではもうこれを避けることができない。土地を分合してやや大いなる農場を独立させることにすれば、もちろん若干の家庭はまるで手明きになる。元のままにしておいたところが、実際は確かに仕事が入用なので、それをいわゆる片手業（かたてわざ）の、束縛多き状態において仕事を捜索するか、もしくは自由になって求めようかの決定が残っているだけである。村の職業には神主・医者・学校の教師、その他次々に欠くべからざる者が増加する。ある者は不用でありまたある者は有害という分界があって、それすらも時代によって移っていたのである。そうして選択の必要は積極的になった。土地に前から住む者の職業なら何でも自由と、放任しておかれなくなった例は眼前に大きなものもあるが、まず大体からいうと村らしき職業、すなわち都市と競立して負けずに済む種類のもの、村にあるということが一つの強味になるような仕事から、段々に拡（ひろ）がって行くのが便であって、それは養蚕・養魚・果樹・苗木栽培などの、第二第三の土地生産業が、土地利用の新たなる自由に乗じて、ほとんど当然のごとくすこしの不調和も見ずに、順次に加入して来たことは心丈夫な先例であった。

四　中間業者の過剰

町でも田舎でも、人が今までの職業を失って、または自分の方から飽き見棄(みす)てて、一番最初に取付く職業は、ほとんど例外もなく小売商いか、周旋(しゅうせん)業かの二つに極(き)まっている。何がそうさせるかの原因は複雑で、いろいろ考えて決意したものもあろうし、中にはまた単なる摸倣もあろうが、とにかくにこの二種の地位だけはいつも満員ということがなく、誰でもどうにかやって行けるという保障を、社会が久しい前から与えていた。他にはそういう職業はほとんどないゆえに、その結果はいわゆる水の低きに就(つ)くがごとくであった。奇妙なことにはこの二業に限って、内にも外にも競争というものはないかのごとく見えた。都市には同商売が軒を並べて住みながら、なお時には警察の暴利取締が必要になる。地方には各種の消費組合が起って、口癖のように中間業者の無用有害を唱えたにもかかわらず、小商人の数などは年ごとに増して、ただわずかずつ品物の目先を変えているのみである。

それがこの頃になって、さすがに際限もなく増加し難き形勢が見えて来た。ちょうど小農の数が村を悩ますと同じく、町では住民の大部分を占めているところの、小商の始末が苦しい問題になろうとしている。批評せられていた田舎者の批評が要求せられる。政府の都市に対する新事業の一つとして、しきりに書立てられる小商工業者の救済などは、いかにも低利の金さえ貸してやれば、それで再び栄えるもののごとく説いているが、実は融通よりも乏しいのはお客で、現に百貨店の圧迫という類の悩みは、かの救済とは交渉がないのである。結局するところは農村の現状維持論者と同じく、消費者をしていつまでも従順にわが店の顧客たらしむればよいのであるが、この点は商品の性質上の相異から、町には村の知らぬような弱味があるのである。

それから小商業を小工業と、一つに見ようとした企てにも誤解があった。小工にもあるいは幾分の過剰があるか知らぬが、これには小商のような気楽な無造作な入口はなかった。もっとも堺目に来ると二者の差別は明かでなくなるが、物を生産する方には入用の限度があって、充溢の損害は受けるならずっと早く受ける。商業も価値の生産に他ならぬということは、都市の経済学の夙に説くところではあるが、これは実際はどうだか判らない。日本の消費には自ら生産する者以外、畠の作り主から瓜茄子を買う一級の取引から、多いのは七級八級の大小商人の手を経る者がある。それが手数に応じて段々に価値多くなるとは何人が断言しよう。これは青砥藤綱の松明のようなもので、入用とあらば銭を払うのも是非がないが、なくても同一の効果が挙がることがわかれば、早速省略してしかるべき手数である。それが失業の悲惨に帰するがために、無理をしてでもこれを存置せしむと言うならば、いよいよ以て当初の選択に、深い注意を払うべかりし理由が明らかになる。しこうして農村はちょうど今、新たにその問題に面しているのである。

五　不必要なる商業

古人が町に対する考え方は少しばかり誤っていた。国々の海辺には由良千軒とか福良千軒とかいう昔の都市の遺跡と称する地があって、そこには必ず町も千軒になると共喰ができるという、格言みたようなものが遺っている。そんなことの不可能なることは、わざわざ千戸の小商人を離れ島に送って実験してみずとも、簡単に推理し得られることである。たとえ店屋ばかりの千戸の町が栄えているようでも、そこの購買力には必ず故郷があった。町に住む人の最終に求むるものを、最初に産出する者が交易の発端であった。

こんな話はまた昔話のついでにする方がよいが、この緑の島国はもと千足の国であった。山の奥にも塩の井が湧き、海の磯山まで鹿が生息していた。外から仰がねば活きられぬという品物がいたって少ないので、市の往来はむしろ一つの趣味であった。今でも散財という語があり、買物を遊山の内に算えようとする風がある。町の誘惑は彼らの興味を以て期待したところであった。一枚の樹葉、一塊の小石を持って路の畔に立っていても、口上さえ面白ければ誰かが立寄って、買って行ったという世の中も一度は確かにあった。懐かしいには相違ないが、今日のごとく生計の八割九割を挙げて、これを交易に托しようという時代になってまで、そんな風習が守られていてはたまらない。しかるに世には彼是屋が用もない門に訪れて、辞を設け仕事を作ろうとする態度を憎みつつも、他の消費業者の機構にはいとやすやすと乗っている者が多い。地方生活の要求は必ずしも究められず、流行らせると称してまず商品を用意し、ついで新たに欲望を植付けている。殊に口惜いと思うのは、種々なる摸擬品や時おくれ品、ローズ物が、田舎向きと称して余分の大割引の下に、村の隅々までも行渡ろうとしていることで、村民の新職業は打棄てておくと、大抵は皆この手先になってしまう。奢侈浪費の問題とはすこしでも関係なく、自己の生活方法を心なき外部の者に指導せられ、例えば山清水の傍で古びたサイダーを飲むような人の多い間は、まだ商業は移送によって価値を生成すなどと言っても、誰でも信ずるというわけには行かぬのである。

元来こんなはずではないのかも知らぬが、とにかくに我々の間には無用の商業があり、不必要の消費がある。そうしてまた無益なる輸送があるようである。こういう島国において、行戻りに石炭と人の労をむだにすることは、仮に荷主側の勘定は引合うにしても、国としてはまさしく不経済である。いわゆる大量取引の利益を制限して、短距離各地方間の交通を盛んにすることは、決して望みのないほどの難事業ではない。中央市場の強大なる管理権は、主として田舎を相手とする商品の数量が基礎であり、今ある販売機関はただ彼らにのみ利用せられている。地方が自主的に消費を整理すれば、彼らの仕事の半分は不用になる。用でもない物を売るから買う。それが生活の上に意味があるかないかは、問うところでないというような商業の繁昌は、独りこれを支持する大都市の名誉でないのみならず、またこれを可能ならしめたる農村の恥である。

六　消費自主の必要

都市の過大の弊害はとくの昔から認められていたが、国の力を以てこれを抑制するということは、必ずしも容易でなかった。単なる改良という程度の仕事ですらも、筆や演説で述立てる割には、実地の成績は挙がっていない。という理由は一にも二にも金の力のみで、人の智慮分別を統一する途が立たぬからである。日本の五つ六つの大都市などは、ただ若々しく乱雑な点において、外国に勝っているのみで、ちっとも完成していない代りにはその病弊も根強くはない。仮に自分の力で革新しなければ、恐らくは国人が来り救うであろう。村に住む従兄らは心から都市を愛している。必要はただ将来その批評の、いよいよ正鵠を失わざらんことである。

放縦なる都市の消費風俗は非難せられてよい。殊に対岸の桑港と上海とを真似て、畳に靴下の折衷生活を常軌化したのが感心せぬ。それよりも各自の自由を名として、その実は悪趣味を田舎へ売込む商人の手引をしたのが遺憾であった。しかしそれよりもさらによくないと思うことは、この一種焦燥とも名くべき気分が、全都市の隅々まで漲っていることで、それが一転すると公道徳の頽敗となり、市政の解体ともなる歎きがある。多くの他国の大都市には、二、三のまた醜く騒々しい区劃の、存置せられるだけは是非ないが、他の大部分はできるだけ落付こうと力めている。それが紛乱させられる主たる原因は、人の出入のあまりにも烈しく、いつも市民になったという感を抱く者が、割合に少ないということであろうが、今後地方人がもし幸いに消費の自主という点に覚醒して、若干の小商人を不用にすることができたなら、それだけでも都市の人口増加を著しく制限する効果はあろうと思う。

農村の住民は単に人数の上からいっても、国の消費計画に対しては大きな発言権を持っている。その上に傾向と生活事情は単一であるから、嗜好の区々たる町の人よりも、一致した希望を表しやすい。私は識者のいたって小さな暗示が、将来全国商業の趨勢を左右し、ひいては中央市場の威力を、適度に緩和し得ることを信じている。市場組織の改良に関しては、生産者がその責任と権能の大部分を持つべきは当然である。今まではただ孤立しまたは孤立させられて、取捨選択の力を施し得なかったけれども、それが無益有害の遠慮であったことを、産業組合などはすでに経験した。殊に農産物は大切なる商品だから、生産者に人望のないような経営ぶりはできない。現在はただ地方の商人の腰に紐が附いて、その端を中央市場の資本家が捉えていただけである。そうしてこの関係は段々に弱くなろうとしている。

地方分権は必然に中以下の都市を有力ならしめるであろう。彼らに各自の地方の生産利害をある程度まで代表させることになると、その相互の間の聯絡と融通が、自然に親密になる望みもある。これまではいずれも中央の寵児となることを競うて余念もなかったために、同級隣接の都市は多くは相敵視し、互に事情を知合うことを力めなかった。その上に甲乙おおむね特徴なき生活をしていたので、その間に組合を作るだけの必要もなかったのである。今後確実なる対等交通が、全国都市間に成立つようになれば、その利益はさらに各都市周囲の農村部に及んで、それぞれ独立して最も適切なる生産計画を立て、これに基いて追々には、農地の収容し得ざりし労力を有意義なる余裕として都市のために働かせ、いたずらに無節制の消費を好景気と名けて、明けても暮れてもそれを待つような、不調和なる階級ばかりを増加させずに済もうと思う。

七　都市失業の一大原因

私のいう消費計画は、別の語でいえば文化基準の確立である。大なる効果はもちろん全国農民の一致によらなければ挙がらぬが、これを各一家庭から始めて、徐々に比隣に及んでもそれだけの利益はある上に、少なくとも前途は希望によって明るくなる。要点であるから今一度繰返していうと、それぞれの人または一家が、世の流行と宣伝とから独立して、各自の生計に合せていかなる暮し方をしようかをきめてかかる風が起ればそれでよいのである。この風習さえ一般的になれば、第一次には都市の支配を免れ、すなわち地方分権の基礎は成のである。

以前無益なる消費が勧誘せられていた地方では、期せずしてそれは節倹の行為と一致する。そうすると不景気の声が、必ず勃然としてそちこちから起るだろうが、これは少しも意とするに足りない。この声を放つ者は全部消費業者で、また現に消費を整理しているのだから、むしろそう言わなかったら鉄砲が鳴らぬようなものである。何らの覚えもないのに突如として不景気が来たのなら、あるいは異変の兆かと驚いてもよいが、これは種痘の附いたのと同じだから、静かに経過を待つより他はない。ところが都市においてはそう簡単には行かない。あまりに騒がれると倹約令でさえも撤回する。多くの雷同者が出来て来ると、不景気は男子の悪徳のごとくに感じて、わざと空威張りをしたがるようにもなるのである。どこに果してそう感ずるに至った原因があるかを、自由に考えることもできないようでは、村どころか国でも衰微するであろう。

小商人・周旋屋・飲食いの商売などが際限もなく多くなり、それがことごとく繁昌しないのが不景気ならば、早いか晩いか一度は来るにきまっている。誠にその不愉快を見まいと願うならば、力を尽して原因を避けなければならなかったのである。それを近年は少しも警戒しなかった。都市の失業はまた別様に悲惨である。江戸・大阪を始として、諸国の城下町は六十年の変化を経て、以前の消費業者の家は指折り算えるほどしか残っていない。あれほど騒いで時々の景気を守護しようとしたけれども、少なくとも彼ら各自の業体の変化だけは、防ぐことがむつかしかったのである。それを片端から政治変動の結果として、説明するのが従来の経済史家であったが、そうでない証拠には同じ動揺は今も続いている。都市は必ずしも工業経営の適地ではないが、人はこの浮遊する人力を利用せんとして、農以外の雑多なる生産方法を案出した。今後も恐らくはこの状勢を永く存して、一段と我々の労働問題を難渋にすることであろうと思う。労働組合が仮に今よりも広汎に、その力を行い得るようになっても、都市では外部の力を借りずに失業者の始末をすることがむつかしい。幸いにして多くの一代移民が交っているゆえに、つい近頃になるまで帰農などという空想を描いてみた政治家もあったが、しからば帰りましょといったとして、果して帰り得る穴があったか否かは疑わしい。江戸などは久しく周辺に空曠(くうこう)の野があって、しばしば人足(にんそく)の剰(あま)りをここに送って新村(しんむら)を開かせた、すなわちもうその頃から、いったん出た故郷では直ちにその抜け跡を閉じて、戻っても再び尻(しり)が差込めないようになっていたのである。

八　地方の生産計画

人が流行を逐(お)うて何かと言うと小店を開こうとしたことが、仮に無分別でありまた有害であるとしても、それはすでに完結した事実である。我々将来の商人整理が、単に彼らを悔恨と窮地に陥れるに過ぎぬとすれば、それは出て行った同胞に対する親切の不足であるのみならず、実際また彼らの峻拒(しゅんきょ)に遭(あ)っては、この案の実現はさらに何倍かの困難を加えざるを得ぬのである。それゆえに消費当否の論評は、必然に進んで各地方の生産計画の協定に向わなければならぬ。すなわちそこに旧来の倹素退守の論と袖(そで)を断って、力の及ぶ限り意義ある消費の変化を求め、生活を豊かにすることに努力する必要を生ずるのである。

あるいは帰農説の失敗を認めたる人々の中に、都市の余力を以て海外に移住せしめよと唱える者もあるが、それもまたいたって心細い提案である。異郷の最初の定住者には、わが邦農村の住人がもっているだけの農民心でも、実はまだ足らぬかと思うくらいである。都市へ出て来た人たちの用意がそのまま携えて行かれぬことは明かで、今まで海外の成功者という者の多くが、理髪・洗濯・写真師・歯科医の類、今一段と進んでは雑貨小売・ブローカー・売女(ばいじょ)等の、いずれも同胞の集団の苦しい繁栄に寄生し、しかも広い天地を狭くして住もうという人々である現状は、あるいは誤って移住の障碍(しょうがい)となることはあっても、滅多に手引とも経験ともなりそうでないということを考えしめる。移住を人口問題の解決法の一つに算えようとする者は、むしろこの不利なる近路を、避ける工夫をする必要を見るのである。

村の現在の経済状態において、このうえ町から還(かえ)って来る人を、手をひろげて迎えるようなことが望まれるものかと、眼を円(まる)くする人は必ず多いであろうが、それは在来の生産力の範囲において、新たに地主以外にその分前(わけまえ)に参与する者が、増加する場合ばかりを想像するから驚くのである。好む好まぬの評議は超越して、今いる境涯がもう一段と悪くなれば、因縁のある土地には何と言っても戻って来る。それが何らの計画を立てておかなかったら、依然として人は易(やす)きに就(つ)いて、小売・小金貸でなければ町の事業の手先のごとき、さては辛うじて匿(かく)してある社会問題の摘発のごとき、右から左へ左から右へ、あるほどの物を動かすだけの労力によって、結局は誰かの取分に食入ろうとするの他はないので、現にまたその例はたくさんに目撃せられる。その苦痛を遁れようとすれば、できぬまでもあらかじめ新種の職業を蒐集選定して、土地に応じた生産計画を確立するに努めるのが、ただ一つの方策と言ってよいのである。

他所者に対しても、村は昔から決して鎖国攘夷でなかった。私の知っている甲州の山村ではヨカヨカ飴屋でさえも来て一月以上も滞在していた。不自由な村ほど新なる住民を歓迎する。算用師と称して算筆のできる者、あるいは手習師匠などももとは皆風来人であった。近代になって医者だけは一軒ほしいという村も多くなった。一芸一能は常に農業の統一を掻乱してはいない。おおよそいかなる種類の技芸経験が、新たに来り加わるに適するかということは、興味のない問題と言われない。石を産する山があれば石屋、楢・樫を薪にしか伐らぬ土地ならば、木地屋・椎茸造りなども隣人として親しまれる。畠の利用がはなはだしく進まぬ土地に、特用作物の集約栽培を試みしむることが何の悪かろう。離村が癖となるごとき農に倦んだ人々の間には、稀には聟入夫としてなりとも、引留めておきたい働き者が見付からぬとも限らぬ。畢竟は有剰った農の労働を圧迫して、いとど窮屈なる各戸の経済を切詰め、小作論の解決を遅延させぬことを期すればよい。

この点に関しては都市から還りたいという者は、大抵は気遣いな競争者ではなかった。ただ彼らの自由に過ぎたる生活観を、一たび村本位に統制改訂すればよかったのである。

九　都市を造る力

習慣上必ず都市に置くべしとしたものに、実は何らの理由のないものがいくらもある。工場がその一つの例であることは我々が説立てる前に、もう如才なくこれを実際に証明する者が多くなった。資料・燃料・労力・資本、販路配給の大部分を田舎に繋ぐものが、なお何とか言って都市を煙にすることを企てる動機は、実はもとはなはだ手前勝手なものであった。しかも工人の家庭の近頃の生活風習には、一種の都市色の村に染み難きものが、このわずかな歳月に濃厚になった。主としては生産期間の長短に基くかと思うが、酒煙飲食・談笑娯楽の方法が喰違い、興奮緊張の波長が一つでないために、感化のない共棲はほとんど不可能になった。従って村の工業は別に種類を定めて、組織を新たにする必要があるかと思う。こういう問題を町へ相談に行く仕来りが、また著しく農村の決断を鈍らせているが、これは偉そうな学者を村に招くか、ただしはまた村の人自ら本当に偉くなることを心掛けるか、二者いずれが可なるかは意気込次第である。とにかくに学問をする人もその目的と方法とから推論して、必ずしも紅塵万丈の底でなければ育たぬ者とも極まっていない。

村を永遠の田舎にしておくことは、必要でもないのみならずまた可能ですらもない。毎年いくつかの村は悦んで町となり、しかも不調和なる部落関係に悩んでいる。市の区域内にさえ蝗が飛び、春になればまた蛙が妻を呼んでいる。我々の都市対農村の問題は、いかなる場合にも各公共団体の対抗衝突を意味してはいなかった。何としてこのこんがらかった糸筋のごときものを、本末取揃えて鮮麗に織成すべきかを、考察することが要求せられていたのである。マチは日本語において、もと区劃ということを意味していた。国民共同の生活の利便のため、特に一地域を指定してそこを群集の巷とし、あらゆる農場の寂寞において、得んと欲して能わざるものを求めしめた場処である。町に独自の生命の核心がなく、雑然たる田舎人の心理の積算によって、例えばかの竹芝の長者の棚の瓢のごとく、東西の風に飄蕩する者が今もなおあったとしても、すこしでもこれを怪しむを要せぬのである。すなわち本来は国の総員の利用すべきものであり、愛護すべきものであり、かねて弊害のやや堪え難きに際しては、また進んでこれを制限すべきものであったのである。ゆえに村々各一箇以上の市場を持っていた世には、自由にその所在を移して古市場の地名が存し、あるいは市日を指定して一日市・三日町等の名が遺っている。估販配給の方法の公利を主眼としたことは疑いがない。城下新たに栄えて城の主これに力を貸し、駅伝の制完備して地子免除の恩典は下ったけれども、これとても必要の基礎は政治にあった。もし一たび尾大振わずの非難があって、村の力能くこれを匡救し得ずとすれば、それは零落と名くべきもので、敗北と呼ばるべきものではないのである。

今や国運会通の御代に逢って、民にいまだ窮苦の声を絶つ能わず、町にある者は翻って故郷の人を欺いて生を聊ぜんとし、農はすなわち都市の消費者を誅求することによって、辛うじて一致の虚名を保持せんとする状態は、なお少しでも改まろうとしていない。心ある者が起って消費の病根を裁割し、新たに地方生産の規画を設定することによって、都市の使命を振作するに何の不可があろう。ましてや我々の都市は多くは半成であり、その摸擬摸倣すらもなおいまだ円熟していない。独り人口が安全に増加し得ないのみでなく、かつてありしものもまた衰え去らんとする例が往々である。そうして我々田舎人の協力は、決してこれを外部の援助とはいい得ないのである。農村の住民は自ら赴いてその事業に参加する力と意思とを今も持っている。

一〇　未来の都市の本務

都市は少数の自ら持扱っているものを除いては、大抵はなお成長すべき必要に迫られているのみならず、その地方によっては特に新設の余地さえも認められる。新たなる国民の作業場として、海より以上に自由なる未開地はないにもかかわらず、人口の充溢れたる中部以西の海岸を見ても、利用せられざる浜入江はまだ多い。以前の港が単なる風待のために開かれて、それが汽船によって必要を失ったままに、次の生業を促すの途がなかったのである。漁港修築の国の計画は、追々にその人口の分担を容易ならしめるが、今でも古くからの港場の癖があって、極度にその消費は乱雑であり、むしろ民衆の自力を以て、別に交通の中心を選定するの利益なることを思わせる。もちろん沿海の漁業権は分割せられ、あるいはすでに資本家の壟断に帰した。耕地はいたって拙劣ながらも、夙に掠奪生産の行止りに達している。この二つの方面にはもう余地のないことは察せられるが、利用すべきものはその以外にもまだ遺っている。新たなる工業には地積と気候、原料と販路についての利便等がすでに認められている。その以上に大切なのは海に親しむ心、すなわち外に向って進もうとする志を養うことである。資源涸渇はこれだけの人口の国において、現われなかったら不思議といってよい現象であるが、今日のごとき労(ろう)銀估価(ぎんこか)を以てして、なお漸(ぜん)を追うて新たな加工は企てられている。原料を外に仰ぐべき国としては、生産費の過大を反省しなかったことは誤りであった。食物生産費を低下すべき手段としては、たとえ急激にはその目的を遂げないまでも、少しでも土地価格を押下げる工夫を講ずべきであったのに、都市人はかえって商品販売の容易を希(こいねが)うのあまりに、地主と共々にその異常なる昂騰(こうとう)に慶賀していたのである。農民がこの一点に留意することができたら、いたずらに一般物価の水準を引上げて、海外の交通を阻碍(そがい)し、余力利用の機会を縮小して、我と自分の圧迫を計っていた弊を解する時が来るであろう。とにもかくにも農村と都市と、共に今後の失業を虞(うれ)うべき際にあって、単に移民と産児調節との、末遠き引算に目をくれることは、算術の課題としても恐らくは成立たない。目前の処置としてはいかなる方法を尽しても、人を養い得る仕事を集めるより他にはない。同時にまた人を倒して自分のみ活(い)きようというごとき内乱同然の手段を、黙認しなければならぬ理由はまだ少しもないのである。

都市をこの大切なる労力配置の目的に、利用し得なかったのは我々の不覚であった。しかし一時に人間が閊(つか)えて適材適処が間に合わず、例の日本人の気軽な心から、末には苦しくなるべき消費業にばかりに密集して、いわゆる散財を激励するような方針の下に、あべこべに生産業を邪道に導かねばならぬようになっては、いったんは出た者でも喚戻(よびもど)すより仕方がない。それが容易な事業ではないにしても、元来が移転の自由を法律上のみに保障して、経済上には不可能にしておいたのが誤りであった。これを機会に農村の方でも、人数に応じて段々に生業を増加し得る計画を立てないと、結局するところは一方にぜひとも農で生活したい意図のある者を、不安動揺の底に落込ませ、他の一方には町に出た者に背水の陣を布(し)かせて、互に郷里以外の田舎者を、好(い)い鴨(かも)、好い椋鳥(むくどり)と取扱う癖を生ずることを免れまい。これから大きくして行く都市だけは、どうにかしてこの弊害から脱出せしめたいものである。

　村を昔のままでなくともすこしでも簡単な、いろいろの利害の錯雑(さくざつ)せぬ地域としたいという希望は、もちろん同情をしてもよい希望である。事情が許すならばできるだけ永く、今の一番よく調(ととの)った農村の程度に止(とど)めておきたい。しかしそうするためにはもっと都市を愛護し、単に労働の方面のみと言わず、文化の進みと歩調を合せて、さらに何段かの健全なる利用をなし遂げなければならぬ。実現は程遠くとも理想は高く掲げておきたい。農村の生計に幸いに余裕の出来た場合、地方地方に愛する都市のあるということが、最もその余裕を味わうに適当なる機会を供するようにしたい。都市を我々の育成所、また修養所・研究所たらしめんとする希望、都市を新たなる文化の情報所、また案内所・相談所たらしめんとする希望に対して、今よりも一層適切にその期待せらるる任務を果すのみでなく、能うべくんばさらにこれを以て憂うる者の慰安所、また疲れたる者の休息所ともしてみたい。そうして農村をこれに対して、志気の剛強なる者の国のために、努力しかつ思索する場所としたいと思う。この分業さえ完全に行わるるならば、たとえ国土は人の子を以て充溢れるようになっても、なお日本を以て昔ながらの農業国ということができる。かつて微力を合せて花の都を築建てた者の後裔は、見よ今日においてもなお静かにその隴畝を耕さんとする願いを抱いているのである。

解説　失われた共産制の影を探して

赤坂憲雄

一

この『都市と農村』は、初版が昭和四（一九二九）年に朝日新聞社から刊行されている。これまで、『定本柳田國男集』（筑摩書房）／『柳田國男全集』（ちくま文庫）／『柳田國男全集』（筑摩書房）と、三度にわたって全集のなかに収録されているが、単著のかたちで文庫化されたことはない。なぜ、文庫版が刊行されてこなかったのか、事情は知らない。たしかに、そのタイトルはいかにも古典的な感じがして、なにか新しい示唆をもらえそうな気分にはなれないかもしれない、とは思う。わたし自身は、この『都市と農村』をひそかに大事な書物として、折りに触れて読んできた。『定本柳田國男集』の第一六巻に収められている。しかし、思い返してみれば、柳田国男について論じたなかでもほとんど言及したことがない。いまあらためて、東日本大震災のあとに、読みなおされるべき著作のひとつになったと感じている。

もう二十数年前のことになるが、あるとき、都内の大学の小さな研究会に呼ばれた。そのとき、わたしは『都市と農村』を手がかりにして、まさに都市と農村というテーマで話したのである。柳田はその著作のなかで、都市と農村の将来の関係がいかにあるべきかを、みずからの歩行と思索にもとづいて問いかけていた。研究会での発表など、すぐに忘れてしまうものだが、その場で交わされた議論のある場面だけはいまだに鮮やかに記憶している。これからの都市と農村の関係については、いくつかのシナリオが考えられるが、柳田が語っていたように、都市と農村はこれからもなんらかの有機的な循環の関係を結んでゆくべきだ、そう、わたしは語った。それにたいして、ひとりの、まだ二十代の若い研究者が静かに、けっして挑発的にではなく、こんな言葉を投げかけてきたのだった。わたしは東京で生まれ育ったので、農村とか地方というものを体験的にまるで知らないし、関心そのものがない、だから、将来のシナリオとして、農村のような場は消滅していいと考えている、農村が担ってきた役割や機能は、都市自身がテクノロジーによって代替的につくり出し抱え込むことができるし、そうして都市が自立的に都市だけのネットワークで連携してゆくような将来像を思い描いている、と。

　この若い研究者はきっと、柳田国男なんて古い、『都市と農村』なんて読むには値しない、なぜ、いまさらあなたはそんな古めかしい発想しかできないのか、と言いたかったにちがいない。論争にはならなかった。わたしは東北に身を移したばかりであり、ゆるやかな野辺歩きのなかで、柳田とその『都市と農村』について再検証してみたいと考えてはいたが、東北をほとんど知らなかったのだ。一九九〇年代のはじめから、二十年近い歳月をかけて、わたしは東北一円を舞台とする〈歩く・見る・聞く〉の旅を重ねていった。東日本大震災がはじまる二カ月前に、まったく偶然に、拠点にしていた山形を離れている。これからは、こうした都市派の研究者が主流になってゆくのだろう、と記憶にしかと留めた。その遠い日のことを、昨日のことのように思いだす。いま、わたしの前に、あの若い研究者が現われたならば、わたしはなにを語ることができるのだろうか。いくらか心が乱れる。

　たとえば、柳田が『都市と農村』のなかで、地方分権にからんで都市の連携について語っていたことを想起してみるのもいい。地方分権は避けがたく、「中以下の都市」を有力なものにする。かれらにそれぞれの地方の生産利害を代表させ、その相互の連絡と融通とが親密になると、それまで「中央の寵児」になろうとして競いあい、敵視しあってきた都市のあいだに、「確実なる対等交通」が成り立つようになる。そして、その利益はさらに都市の周囲の農村部に及んで、いわば都市と農村との関係はあらたな段階を迎えるかもしれない、といったところだ(第一〇章)。対話の芽くらいは、そこから生まれたにちがいない。はたして、四十代の末になっているはずのかれは、農村は消滅していいと語るのだろうか。

二

これは市民向けの講座の一冊として書き下ろされた著作である。刊行は昭和四年であり、その時代状況が色濃く刻印されている。「農村の衰微」という言葉が、時代を象徴するキーワードのように頻出する。さだめし、われわれの時代における「限界集落」「地方消滅」といった、どこか扇情的なキーワードの先駆けといったところか。むろん、柳田その人はそうした流行り(はや)の言葉に対峙して、「農村の衰微」とはいかなる状態を指すのかと、あくまで前向きに、いわば建設的な態度をかたくなに保ちながら問いかけるのである。

柳田の立ち位置ははっきりしている。「自序」には、柳田自身が幸いなことに、「今の都市人の最も普通の型、都市に永く住みながら都市人にもなり切れず、村を少年の日のごとく愛慕しつつ、しかも現在の利害から立離れて、二者の葛藤を観望するの境遇に置かれていた」（四頁）と見える。そして、「新たに都市に入って住んでいる兄弟姉妹の、同情ある回顧は価値がある」（二二九頁）といった言葉に示唆されているように、農村から都市へと移り住んだ者として、農村と都市とを「同情ある回顧」をもって繋ぐことが、みずからの使命であると、柳田は感じていた。世間には、「都市の眼で見た農村の記録のみが、年久しい文学として」（九五頁）伝わっている。それにたいして、柳田のような都市への新参者は、村にわずかに埋もれている「永い年代の実習を積んだ自治訓練、うまく行けば都市へもその恩沢（おんたく）を頒（わか）ち得た耳の学問」（二五三―二五四頁）の成果を都市へと受け渡すために、仲介者となることができるはずだ、といったところか。そうした意味合いでは、都市よりも、背後に残してきた農村のほうに、あきらかに柳田の思索の起点は置かれているといっていい。

それにしても、この著作には通奏低音のように、「日本の都市が、もと農民の従兄弟（いとこ）によって、作られた」（四頁）というメッセージが反復されている。このメッセージは章を追うごとに、さまざまに変奏されてゆくが、そこには日本の都市にとっての過去・現在・未来をつらぬく普遍的なイメージが託されていた。

> 支那をあるけば到る処で目につくような、高い障壁を以て郊外と遮断し、門を開いて出入りをさせている商業地区、そんなものは昔からこの日本にはなかった。しかるに都市という漢語を以て新に訳された西洋の町場でも、やはり本来はこの支那の方に近く、言わば田舎と対立した城内の生活であった。もっとも近世はどこでも人が殖えて郭外に溢れ、今ではむしろその囲いを邪魔者にしているのだが、しかも都市はなお耕作・漁猟の事務と、何ら直接の関係を持たぬというのみではなく、そこには市民という者が住んでいて、その心持は全然村民と別であった。都市の歴史はすなわちその市民の歴史であった。（一六頁）

たしかに、中国の都市のイメージは、日本のそれとは大きく異なっている。高い城壁によって囲われた都市が、その外に広がっている郊外とは劃然と隔てられているイメージである。人々は城門をくぐり、行き交う。都市／郊外は視覚的にも、あきらかに二元論的に対立する。それゆえ、やはり城壁によって郊外からは隔絶する西洋の中世都市と、中国の都市とは、景観イメージとしては強い親和性がある。むろん中国でも西洋でも、近世以降になれば、都市民が増加して、城壁の外縁へと都市そのものが溢れだしてゆく。都市の輪郭はしだいに壊れていったのである。それにたいして、日本の都市にはそもそも城壁がなかった。古代の平城京や平安京、そして近世の江戸などはみな、城壁をもたない、その内側に農の空間すら抱え込んだ、もうひとつの都市であった。中世の鎌倉などは、例外的に、三方の丘陵と海によって囲まれた天然の要害都市であったようだ。

さらに、中国や西洋の都市は、山野河海という自然から隔絶した空間であり、農業・漁労・狩猟といった自然とかかわる生業を内側に抱えることがなかった。それゆえに、そこに暮らす都市住民は、まさしく反自然を刻印された「市民」であった。自然のかたわらに生きる「村民」とは、精神性において隔てられた存在だったのである。まさに、都市の歴史とは市民の歴史だったということだ。そこに、柳田の問いが生まれる。市民の名にふさわしい、「孤立した都市利害の中心ともいうべきもの」(一六頁)は、はたしてわが国にも存在したのか、と。答えはあきらかであった。すなわち、存在しなかった、と。

たとえば、はじまりの都市、つまり町の原風景について、柳田は以下のように語っていた。この一節には、若い頃に思いがけず出会ったが、それ以来、まるで一枚のセピア色の古い写真のように記憶に焼き付いている。

> 最初に少しずつ成長し始めたものは、津とか泊とかいう海川の湊であった。昔の船は風を待ち、また悪い風の静まるのを待たねばならぬ。それゆえにしばしば用のない者がそこに落合って、常の日にも酒を飲み歌を口ずさみ、村では見られぬ新しい生活が始まったのである。(二二頁)

さて、柳田の語るところに耳を傾けてみよう。日本の都市とはなにか。第一章をもとに膨らませてみる。すなわち、日本の都市に暮らす人々は、その少数がわずかに二代、三代前の都市への移住者であり、ほかの多数は「村民の町にいる者」にすぎなかった。たんに視覚的な境界としての城壁がなかったばかりではなく、人々の物と心の行き交いにおいても、「都市と邑里との分界」はいくらか空漠たるものであったのだ。こうして、町作りは昔から「農村の事業の一つ」とされてきたし、村は「今日の都人の血の水上」

であったと同時に、都は「多くの田舎人の心の故郷(ふるさと)」であった、という。第五章にいたると、都市に暮らす商人や職人がみな、農村から出た者であることが指摘されている。地方人こそが都市を創り、つねにこれを改造してきた、そう、柳田は述べている。

三

わたしはここでは、『都市と農村』というテクストを、将来への可能性の振幅において読もうとしている。日本の都市は農村の従兄弟たちによって作られた、という柳田の物語りするところは、かぎりなく魅力的だ。わたしはすでに、「永い年代の実習を積んだ自治訓練、うまく行けば都市へもその恩沢を頒ち得た耳の学問」という柳田の言葉に、注意を促しておいた。農村から都市へと受け渡すべきものが、そこには示唆されていた。たとえば、こんな一節はどうだろうか。

私などにとってのうれしい発見は、労働に関するいたって古風な考え方が、まだ村だけには残っていたということである。今になってこれを説立てるのも咏歎(えいたん)に近いが、労働を生存の手段とまでは考えず、活(い)きることはすなわち働くこと、働けるのが活きている本当の価値であるように、思っていたらしい人が村だけには多かった。これが都市との最も著しい差別であって、何ゆえに働いているのになお生きられぬかという疑惑の、最近特に農村において痛切になった所以でもあるが、もと促迫なき労働に携わっていた者でなければ、到底このように生と労とを、一つに結び付けて見ることはできぬのであった。外から見たところでは祭礼でも踊でも、骨折は同じであって、疲れもすれば汗もかいている。山野に物を採りに行く作業などは、その日によって遊びとも働きともなっている。（一一六―一一七頁）

ここには、西洋的な労働観とは異なる、日本の村にかつて見いだされた古風な労働観が萌芽のかたちで語られている。この労働観のもとでは、働くことは生存のための手段ではなく、生きることそのものであると信じられていた。そうした「生と労とを、一つに結び付けて見る」ような労働観は、もはや大方が失われている。しかし、たとえば山野の幸の採集などにおいては、ときに働くこと／遊ぶことが分かちがたいものとなっている場合がある、という。示唆的ではなかったか。

農業組合について語った一節に、いくらか奇妙な、こんな一文が見いだされる。すなわち、「現在の共産思想の討究不足、無茶で人ばかり苦しめてしかも実現の不可能であることを、主張するだけならばどれほど勇敢であってもよいが、そのためにこの国民が久遠の歳月にわたって、村で互いに助けて辛うじて活きて来た事実までを、ウソだと言わんと欲する態度を示すことは、良心も同情もない話である」(二一五頁)と。政治的にはあきらかに保守主義者であったはずの柳田のイメージからすれば、いささか引き裂かれた印象がぬぐえない。共産主義思想にたいする批判が現実からの遊離を根拠としてなされることに、とりあえずの賛意を示しながら、そのために「この国民が久遠の歳月にわたって、村で互いに助けて辛うじて活きて来た事実」までを、否定されて黙っているわけにはいかない、と柳田は述べていたのだ。回りくどい物言いではあるが、柳田はここで、村の伝統のなかに埋もれている共産主義的なるものに注意を促していたのである。それは「村に昔からあった結合」とも呼ばれていた。

村の協同の一番古い形は、今なお誰にもわかるだけの痕跡を、労力融通の上に遺している。ユイは近世の農業においては、必ず約同一数量の労力を以て償還することになっているが、家族と農場とに大小の差がある場合には、その計算は決して容易でない。以前の計算は恐らくは食物の供給を主とし、秋になってまた若干の生産物を分配する習いがあったのであろう。小正月の日の酒盛にその年の田人を招いて、節の食事を共にする家などがあるのは、元は多分この契約の一つの方式であった。八月朔日をタノムの節供と名けて、食物以外の贈品を交換した慣習も、まだ精しく説明することはできぬが、やはり農事と関係があったことだけは確かで、信用組合を意味する古来の日本語、タノモシという名詞と語原が一つだから、すなわちユイの制度の一部であったことが察せられる。(二一七―二一八頁)

「村の協同の一番古い形」として、ここに見いだされているのはユイである。ユイとは協同の労働をさしている。伝統的なユイの慣行の痕跡をもとめて、柳田は農村の民俗に眼を凝らしている。わたし自身は、中元の贈答の源流としてのタノムの節供から、対面関係のなかで金銭の融通がおこなわれた、信用組合の起源ともいうべきタノモシへと連なる、ユイという社会的な制度の文脈における見えない線分を浮かびあがらせようとする柳田の思索のありように、奇妙な感慨を覚えている。柳田はそれを、共産主義的なるものの萌芽として思い定めていたにちがいない。

これに続けて、ユイは古くから「結」の字をあててきたが、それは農耕とはかぎらないことが指摘される。柳田が「最も完形に近く保存せられている」ものとして挙げているのが、漁労と狩猟であったことは、幾重にも示唆に富んでいる。

たとえば、漁労における網曳きについて。柳田によれば、この漁獲物は浜で分配が終わるまでは、「まだ何人(なんぴと)の私有とも認められなかった」という。由比(ゆい)や手結(たゆい)という地名が全国に多く残っているが、いずれもこうした協同作業としての地曳き網漁に適した広い浦辺である。海草その他の漂着物なども、個人の勝手な採取に任せるのではなく、いまも「同じ約束の下に、後で分配をしている」事例は少なくない、という。あるいは、共同狩猟について。大きな獣だけは、同じような方法で捕獲されており、それを意味するカリクラという言葉が古くから知られている、と柳田はいう。狩りの技量や勇力に差がある人々が、それぞれの分に応じて配置につき、協同によって獲物が捕れたときには、一人も残らず分配にあずかることができた。わたし自身、東北の狩猟者たちからの聞き書きで、そのことをくりかえし確認してきた。例外はない。「獲物は一つ、作業は多数の力に成っていたゆえに、最初からの私有は認めることができなかった」と、柳田は述べている。山野河海という自然との交渉のなかに、もっとも完全なかたちでの「村の協同の一番古い形」が残存していることは、とても大切な思索の手がかりとなるだろう。

さらに、こんな一節がある。

それから山野雑種地の利用方法が、やはりまた固有の共産制度を、打毀したままで棄ててある。婦女幼若衰老の家々において、かつて辛うじてその家業を保持せんとした力は、同時に二つの側面から段々に狭められることになった。田植・稲扱の日にも手間返しができず、いわゆる落穂拾いの余得が許されなくなると、後家などの生計は浅ましいものになりがちで、以前は恥を包んで幽かな生存を繋ぐために、ただ一つの隠れ家は山林であった。凶年には村を挙げて野山の物を求めたごとく、このやや鷹揚なる入会権の利用が、多くの古田の村を支えていた力は大であった。すなわち共有地は困った人の多く働く場所となっていたのに、行政は心なくこれに干渉して、いわゆる整理と分割とを断行してしまった。最初に濫用せられたものは開墾権で、大抵は民食を足わすという名目の下に、都合のよい土地だけを資力ある者の持高に、編入してしまうのも古くからの習いであった。焼畑・切替畑の一作ずつの利用が、貧人に許されていたのもこういう部分で、年貢が山地の軽いままだから、地力一杯の生産を期する要はなく、誰でも孤立してこれだけは播き苅ることができた。それができなくなってから、次第に慈善と救助とが必要になったのである。

（二二〇―二二一頁）

柳田はここで、ひたすら「固有の共産制度」の掘り起こしにつとめていた。否定しようもないことだ。かつて、山野や雑種地には固有の利用をめぐる慣行が許されていた。「婦女幼若衰老の家々」が家業を維持するために、ほかの家々からの一定の協同が提供されたり、いわゆる落穂拾い的な行為が許されていたのである。それがなくなったあとでは、とりわけ後家などの生計は逼迫せざるを得なかった。そのとき、ただひとつの隠れ家、つまりアジールとなったのが山林である。昔は飢饉のときには、最後は山に入れと教えられ、そこで生き延びる知恵と技を伝授されたものだ、そんな話を聞かせてくれたのは、わたしの遠野の師匠であった。山野は自然の幸多き場所であり、入会地でもあったから、困窮した人々が食いつなぐために働く場所ともなった。戦後の食糧難の時代には、村中総出で山に分け入り、みなで焼畑をしたと聞いたこともある。まさに、柳田の指摘するように、「焼畑・切替畑の一作ずつの利用」が貧しき人々に許されていたのである。こうした「固有の共産制度」が失われた場所において、はじめて福祉という「慈善と救助」が導入されねばならなかった。

> 全体村持の野山などは、民法がそれを共有と視たというのみで、単なる共同の私有物ではなかった。不断は何人もわが有と思っておらぬ点に、村を結合せしむる本当の力があった。（二二一—二二二頁）

くりかえすが、柳田はそれを、「以前失ってしまった共産制」（二二六頁）の名残として眺めていたのである。近代において、村をひとしなみに貧しくしたものこそが、「共有林野の分割と譲渡」（二四三頁）であったという認識は、柳田にとって生涯揺るがぬものではなかったか。山野河海にかかわる私有以前の、いわば網野善彦のいう「無主・無縁」の世界に、失われた共産制の影が認められていたのである。

さて、文庫版がはじめて刊行される。『都市と農村』というテクストの再評価の気運がおこることを、心より願っている。最後に、こんな柳田の言葉にも目を留めておきたい、と思う。柳田国男とは何者であったのか。

自分で考えたことのない多数決を作ってはならぬ。それに服従しなければ、叛逆と認められるような無用の畏怖心（いふしん）を抱かしめてはならぬ。（二四四頁）

〔編集付記〕

一、本書は『都市と農村』(「朝日常識講座」第六巻、朝日新聞社、一九二九年)を文庫化したものである。

二、底本には、筑摩書房版『柳田國男全集』第四巻(一九九八年)を用いた。

三、本文は、原則として現代仮名づかいに改め、代名詞・副詞・接続詞などの漢字の一部を平仮名に変えた。また、読みやすさのため、最小限の読点、同様の事項が複数併記される場合の「・」、書名等へのカギ括弧を補った。

四、本書中に今日では差別的な表現とされる語が用いられている箇所があるが、作者が故人であることなどに鑑みて、それらを改めることはしなかった。

(岩波文庫編集部)

都市(とし)と農村(のうそん)

2017 年 9 月 15 日　第 1 刷発行
2024 年 12 月 5 日　第 3 刷発行

著　者　柳田国男(やなぎたくにお)

発行者　坂本政謙

発行所　株式会社 岩波書店
〒101-8002 東京都千代田区一ツ橋 2-5-5
案内 03-5210-4000　営業部 03-5210-4111
文庫編集部 03-5210-4051
https://www.iwanami.co.jp/

印刷・三秀舎　カバー・精興社　製本・松岳社

ISBN 978-4-00-381221-1　　Printed in Japan

読書子に寄す

――岩波文庫発刊に際して――

岩波茂雄

真理は万人によって求められることを自ら欲し、芸術は万人によって愛されることを自ら望む。かつては民を愚昧ならしめるために学芸が最も狭き堂宇に閉鎖されたことがあった。今や知識と美とを特権階級の独占より奪い返すことはつねに進取的なる民衆の切実なる要求である。岩波文庫はこの要求に応じそれに励まされて生まれた。それは生命ある不朽の書を少数者の書斎と研究室とより解放して街頭にくまなく立たしめ民衆に伍せしめるであろう。近時大量生産予約出版の流行を見る。その広告宣伝の狂態はしばらくおくも、後代にのこすと誇称する全集がその編集に万全の用意をなしたるか。千古の典籍の翻訳企図に敬虔の態度を欠かざりしか。さらに分売を許さず読者を繫縛して数十冊を強うるがごとき、はたしてその揚言する学芸解放のゆえんなりや。吾人は天下の名士の声に和してこれを推挙するに躊躇するものである。このときにあたって、岩波書店は自己の責務のいよいよ重大なるを思い、従来の方針の徹底を期するため、すでに十数年以前より志して来た計画を慎重審議この際断然実行することにした。吾人は範をかのレクラム文庫にとり、古今東西にわたって文芸・哲学・社会科学・自然科学等種類のいかんを問わず、いやしくも万人の必読すべき真に古典的価値ある書をきわめて簡易なる形式において逐次刊行し、あらゆる人間に須要なる生活向上の資料、生活批判の原理を提供せんと欲する。この文庫は予約出版の方法を排したるがゆえに、読者は自己の欲する時に自己の欲する書物を各個に自由に選択することができる。携帯に便にして価格の低きを最主とするがゆえに、外観を顧みざるも内容に至っては厳選最も力を尽くし、従来の岩波出版物の特色をますます発揮せしめようとする。この計画たるや世間の一時の投機的なるものと異なり、永遠の事業として吾人は微力を傾倒し、あらゆる犠牲を忍んで今後永久に継続発展せしめ、もって文庫の使命を遺憾なく果たさしめることを期する。芸術を愛し知識を求むる士の自ら進んでこの挙に参加し、希望と忠言とを寄せられることは吾人の熱望するところである。その性質上経済的には最も困難多きこの事業にあえて当たらんとする吾人の志を諒として、その達成のため世の読書子とのうるわしき共同を期待する。

昭和二年七月